Ary Chiacchio

Edmundo Capelas de Oliveira

Exercícios Resolvidos em Equações Diferenciais Ordinárias

incluindo transformadas de Laplace e séries

Exercícios Resolvidos em Equações Diferenciais Ordinárias - incluindo transformadas de Laplace e séries.
Copyright© Editora Ciência Moderna Ltda., 2014

Todos os direitos para a língua portuguesa reservados pela EDITORA CIÊNCIA MODERNA LTDA.
De acordo com a Lei 9.610, de 19/2/1998, nenhuma parte deste livro poderá ser reproduzida, transmitida e gravada, por qualquer meio eletrônico, mecânico, por fotocópia e outros, sem a prévia autorização, por escrito, da Editora.

Editor: Paulo André P. Marques
Produção Editorial: Aline Vieira Marques
Assistente Editorial: Dilene Sandes Pessanha
Capa: Carlos Arthur Candal
Diagramação: Sônia Nina

Várias **Marcas Registradas** aparecem no decorrer deste livro. Mais do que simplesmente listar esses nomes e informar quem possui seus direitos de exploração, ou ainda imprimir os logotipos das mesmas, o editor declara estar utilizando tais nomes apenas para fins editoriais, em benefício exclusivo do dono da Marca Registrada, sem intenção de infringir as regras de sua utilização. Qualquer semelhança em nomes próprios e acontecimentos será mera coincidência.

FICHA CATALOGRÀFICA

CHIACCHIO, Ary; OLIVEIRA, Edmundo Capelas de.

Exercícios Resolvidos em Equações Diferenciais Ordinárias - incluindo transformadas de Laplace e séries.

Rio de Janeiro: Editora Ciência Moderna Ltda., 2014.

1. Matemática 2. Análise – Cálculo-Matemática
I — Título

ISBN: 978-85-399-0524-9   CDD 510
                           515

Editora Ciência Moderna Ltda.
R. Alice Figueiredo, 46 – Riachuelo
Rio de Janeiro, RJ – Brasil CEP: 20.950-150
Tel: (21) 2201-6662/ Fax: (21) 2201-6896
E-MAIL: LCM@LCM.COM.BR
WWW.LCM.COM.BR

Introdução

As equações diferenciais têm aplicações em diversas áreas do conhecimento e se constituem em parte integrante de todos os currículos dos cursos de Matemática, Física, Química, Engenharia e Tecnológicas. Em geral, em todos os cursos da área das Exatas.

As clássicas maneiras de se abordar uma equação diferencial são os métodos analíticos, objetivo maior deste livro, e os métodos numéricos, estes cada vez mais poderosos devido à crescente busca por pacotes computacionais mais completos. Nosso propósito está focado no estudo de métodos analíticos e, portanto, devemos oferecer maneiras de se abordar uma equação diferencial. Mencionamos, desde já, que a maneira que vamos desenvolver nossa tarefa é através de exercícios **resolvidos**, isto mesmo, todos os exercícios estão resolvidos. Não são deixados para o leitor exercícios para serem feitos, com exceção de alguns poucos em que é destacada a palavra **Verifique!**.

Convém ressaltar que as equações diferenciais podem ser divididas em duas grandes classes: equações diferenciais ordinárias, objetivo deste livro, e equações diferenciais parciais. Aqui, vamos discutir apenas as equações diferenciais ordinárias, em particular as lineares.

A exceção fica por conta apenas das clássicas equações de Bernoulli, Riccati e Clayraut, que são não lineares.

Não tem segredo, estudar uma disciplina de Matemática exige, no mínimo, um tempo razoável para se dedicar à resolução de extensas listas de exercícios, cada uma delas com o seu propósito específico. Foi pensando nisso que escrevemos esse livro, onde todos os exercícios estão resolvidos, isto é, o estudante, ou mesmo o profissional, vai ganhar tempo pois os chamados 'truques do ofício' vão estar descritos em cada um dos exercícios resolvidos. A leitura do livro exige apenas a familiarização com conceitos advindos do cálculo de ordem inteira, em particular, diferenciação e integração.

São oito capítulos, todos eles contendo um número razoável de exercícios resolvidos, a maioria deles resolvidos nos mínimos detalhes, isto é, não omitindo as passagens que se requer para chegar à solução. Vamos discorrer um pouco sobre cada um dos capítulos: o primeiro capítulo aborda as equações diferenciais ordinárias de primeira ordem enquanto que o segundo aborda as equações diferenciais ordinárias de segunda ordem com coeficientes constantes. No capítulo três, apresentamos as equações diferenciais de ordem n e, no capítulo quatro, a metodologia da transformada de Laplace associada à resolução de equações de segunda ordem. No capítulo cinco, discute-se os sistemas de equações diferenciais enquanto que, no capítulo seis, são abordadas as séries numéricas e séries de potências. No capítulo sete, resolvemos equações diferenciais através do método de séries de potências enquanto, no capítulo oito, apresentamos equações diferenciais cuja solução conduz às chamadas funções especiais. Um extenso índice remissivo conclui o livro.

Introdução

Agradecemos às várias pessoas que contribuíram seja com ajuda, suporte técnico, constante interesse e sugestão de resolução em vários temas abordados, em particular, à doutoranda Eliana Conthartezze Grigoletto pelo árduo trabalho de conferência da resolução dos exercícios. Enfim, agradecemos pelas muitas e profícuas discussões aos professores doutores Waldyr A. Rodrigues Jr. (Imecc-Unicamp), Jayme Vaz Jr. (Imecc-Unicamp), Adolfo Maia Júnior (Imecc-Unicamp), Jorge Rezende (Universidade de Lisboa), bem como os doutores Quintino A. G. Souza (Unicamp) e J. Emílio Maiorino (Unicamp).

Os Autores
Campinas, 2014

Sumário

1 **EDO de primeira ordem** — **1**

2 **EDO de segunda ordem** — **51**

3 **EDO de ordem n** — **95**

4 **Transformada de Laplace** — **123**

5 **Sistemas de EDO** — **153**

6 **Sequências, séries numéricas e séries de potências** — **181**

7 **Resolução de equações diferenciais por séries de potências** — **211**

8 **Funções especiais** — **241**

A **Apêndice** — **289**
   A.1 Funções gama e beta 289
   A.2 Função gama 290
   A.3 Função beta 291

Bibliografia — **293**

Índice Remissivo — **295**

A matemática é a honra do espírito humano.
1646 – Gottfried Wilhelm von Leibniz – 1716

1
Equações diferenciais ordinárias de primeira ordem

Exercícios resolvidos de EDO de primeira ordem

Apresentamos uma série de exercícios resolvidos envolvendo métodos analíticos associados às equações diferenciais ordinárias de primeira ordem. Apesar de abordarmos problemas não lineares, o estudo é focado principalmente nas equações lineares, homogêneas e não homogêneas.

O problema de valor inicial é abordado diretamente, bem como, em alguns casos, advindo de uma aplicação particular. Obtemos as soluções geral e particular associadas às equações diferenciais de primeira ordem especificando, sempre que possível e conveniente, a metodologia passo a passo. Ainda mais, são discutidas as equações diferenciais não lineares dos tipos Riccati, Clairaut e Bernoulli.

Enfim, neste capítulo, o leitor vai (re)ver aplicações do teorema de existência e unicidade, a separabilidade de uma equação diferencial de primeira ordem, além do conceito de fator integrante, em particular, associado a uma equação diferencial não exata e a sua conversão, sempre que possível, numa outra, exata, cuja maneira de abordarmos é mais direta. No caso de equações não lineares, vai se deparar com os termos soluções singulares e família de soluções.

Exercício 1.1. Uma equação diferencial ordinária de primeira ordem é linear se pode ser colocada na forma

$$y' + p(x)y = g(x), \qquad y = y(x).$$

Quais das equações a seguir são lineares?

a) $y' = (\cos x)y + e^{-x}$

b) $y' = x \cos y + e^{-x}$

c) $y' = 4$

d) $y' = y^3 + 2x$

Resolução. a) A equação é linear: $p(x) = -\cos x$ e $g(x) = e^{-x}$; b) A equação não é linear em virtude da presença do termo $\cos y$; c) A equação é linear: $p(x) = 0$ e $g(x) = 4$ e d) A equação não é linear em virtude da presença do termo y^3.

Exercício 1.2. Considere a equação diferencial $y' + 5y = 2$.

a) Mostre que $y(x) = \frac{2}{5} + C e^{-5x}$, com C uma constante real, é solução dessa equação.

b) Supondo que toda solução é dessa forma, encontre a solução que satisfaz a $y(1) = \frac{3}{5}$.

Resolução. a) Derivando a função $y(x) = \frac{2}{5} + C\mathrm{e}^{-5x}$ temos $y'(x) = -5C\mathrm{e}^{-5x}$. Então, substituindo na equação obtemos $y'(x)+5y(x) = -5C\mathrm{e}^{-5x}+2+5C\mathrm{e}^{-5x} = 2$ e $y(x) = \frac{2}{5}+C\mathrm{e}^{-5x}$ é solução da equação dada.

b) Se $y(1) = \frac{3}{5}$ temos $\frac{3}{5} = \frac{2}{5} + C\mathrm{e}^{-5}$, portanto, $C = \frac{\mathrm{e}^5}{5}$. Logo, a solução da equação diferencial que satisfaz $y(1) = \frac{3}{5}$ é $y(x) = \frac{1}{5}\left(2 + \mathrm{e}^{5-5x}\right)$.

Exercício 1.3. a) Separando as variáveis, resolver a equação diferencial $y' = x\,y^{\frac{1}{2}}$.

b) Uma equação diferencial pode admitir uma solução que não pode ser obtida especificando-se os parâmetros em uma família de soluções. Tal solução é chamada **solução singular**. Verifique que $y = 0$ é uma solução singular para a equação da parte (a).

Resolução. a) Separando as variáveis temos

$$\frac{\mathrm{d}y}{\sqrt{y}} = x\,\mathrm{d}x.$$

Integrando ambos os lados obtemos: $2\sqrt{y} = \frac{x^2}{2} + C$ com C uma constante, que pode ser colocada na forma

$$y(x) = \left(\frac{x^2}{4} + \frac{C}{2}\right)^2.$$

b) $y = 0$ é solução da equação dada (substituição direta) mas não existe $C \in \mathbb{R}$ constante tal que $\left(\frac{x^2}{4} + \frac{C}{2}\right)^2 \equiv 0$.

Exercício 1.4. a) Seja C uma constante real. Mostre que
$$y = \frac{1 + C\,e^{2x}}{1 - C\,e^{2x}}$$
é uma família de soluções da equação não linear $y' = y^2 - 1$.

b) Determine uma solução singular para essa equação.

Resolução. a) Derivando
$$y = \frac{1 + C\,e^{2x}}{1 - C\,e^{2x}}$$
obtemos
$$y' = \frac{4C\,e^{2x}}{(1 - C\,e^{2x})^2}.$$
Por outro lado,
$$y^2 - 1 = \frac{(1 + C\,e^{2x})^2}{(1 - C\,e^{2x})^2} - 1 = \frac{4C\,e^{2x}}{(1 - C\,e^{2x})^2}.$$

Portanto, a família dada é uma família de soluções para a equação diferencial $y' = y^2 - 1$.

b) $y = -1$ é uma solução singular pois não existe $C \in \mathbb{R}$ tal que
$$\frac{1 + C\,e^{2x}}{1 - C\,e^{2x}} = -1.$$
Observe que $y \equiv 1$ é solução da equação mas não é singular pois é obtida da família de soluções tomando $C = 0$.

Exercício 1.5. O Teorema de Existência e Unicidade (TEU) estabelece o seguinte resultado: Sejam as funções $f(x, y)$ e $\frac{\partial f}{\partial y}$ contínuas em algum retângulo $a < x < b$, $c < y < d$, contendo o ponto (x_0, y_0). Então, em algum intervalo $x_0 - h < x < x_0 + h$,

contido em (a,b), existe uma única solução do Problema de Valor Inicial (PVI)
$$y' = f(x,y); \qquad y(x_0) = y_0.$$

Estabeleça uma região do plano xy onde a existência de uma solução única passando por um ponto especificado, esteja garantida pelo TEU, para cada uma das equações a seguir:

a) $y' = \dfrac{x-y}{2x-7y}$

b) $y' = \sqrt{4-x^2-y^2}$

c) $y' = \dfrac{y\cot x}{1+y}$

Resolução. a) A função $f(x,y) = \dfrac{x-y}{2x-7y}$ é contínua quando $2x-7y \neq 0$. Por outro lado, a derivada parcial $\dfrac{\partial f}{\partial y} = \dfrac{5x}{(2x-7y)^2}$ é contínua se $2x-7y \neq 0$. Uma região do plano xy que satisfaz o enunciado é $2x-7y > 0$.

b) A função $f(x,y) = \sqrt{4-x^2-y^2}$ é contínua no caso em que $4-x^2-y^2 \geq 0$, ou seja, se $x^2+y^2 \leq 4$. A derivada parcial $\dfrac{\partial f}{\partial y} = -\dfrac{y}{\sqrt{4-x^2-y^2}}$ é contínua se $4-x^2-y^2 > 0$. Portanto, uma região do plano xy satisfazendo as condições solicitadas é $x^2+y^2 < 4$.

c) A função $f(x,y) = \dfrac{y\cot x}{1+y}$ e a derivada $\dfrac{\partial f}{\partial y} = \dfrac{\cot x}{(1+y)^2}$ são contínuas se $x \neq k\pi$, $k \in \mathbb{Z}$ e $y \neq -1$. Portanto, uma região que satisfaz o enunciado é: $\{(x,y) \in \mathbb{R}^2 : 0 < x < \pi; y > -1\}$.

Exercício a) Encontre uma família de soluções para a equação diferencial $y^2 + x^2 y' = 0$, com $y = y(x)$; b) Exiba uma solução singular para essa equação diferencial; c) Existe um número infinito de soluções para a equação diferencial satisfazendo $y(0) = 0$?; d) Existe solução que satisfaça $y(0) = y_0 \neq 0$? e) Justifique a afirmação: Se $x_0 \neq 0$ e y_0 é arbitrário, existe exatamente uma solução com $y(x_0) = y_0$.

Resolução. a) Separando as variáveis, podemos escrever
$$\frac{dy}{y^2} = -\frac{dx}{x^2}.$$
Integrando ambos os membros, obtemos
$$-\frac{1}{y} = \frac{1}{x} + C_1$$
ou ainda, na seguinte forma,
$$y = \frac{x}{Cx - 1}$$
onde introduzimos $C = -C_1$. b) $y \equiv 0$ é solução singular para a equação. c) A família encontrada no item (a) é infinita e satisfaz $y(0) = 0$. d) Da equação, temos $[y(0)]^2 = 0$. Portanto, não existe solução satisfazendo $y(0) \neq 0$. e) Calculando a derivada parcial temos
$$f(x,y) = -\frac{y^2}{x^2} \quad \text{e} \quad \frac{\partial f}{\partial y} = -\frac{2y}{x^2}$$
que são ambas contínuas desde que $x \neq 0$. Portanto, a afirmação é verdadeira devido ao TEU.

Exercício 1.7. Para a equação diferencial ordinária de primeira ordem do tipo $y' + p(x)y = g(x)$, a função
$$u(x) = e^{\int p(x) \, dx} = \exp\left(\int p(x) \, dx\right)$$

EDO de primeira ordem

multiplicada pela equação dada transforma o primeiro membro na derivada do produto $u(x) \cdot y$.

Encontre a solução da equação diferencial $y' - 2y = 3\,e^x$.

Resolução. Multiplicando a equação diferencial por e^{-2x} temos

$$e^{-2x}y' - 2\,e^{-2x}y = 3\,e^{-x}.$$

Note que o primeiro membro é a derivada do produto $e^{-2x} \cdot y$. Então, podemos escrever $(e^{-2x} \cdot y)' = 3\,e^{-x}$, de onde segue-se $e^{-2x} \cdot y = -3\,e^{-x} + C$ ou ainda, isolando y, na forma

$$y = -3\,e^x + C\,e^{2x}$$

onde C é uma constante real.

Exercício 1.8. Resolver a equação diferencial $xy' + (x+1)y = x$ para $x > 0$.

Resolução. Reescrevendo a equação diferencial na forma

$$y' + \left(1 + \frac{1}{x}\right)y = 1 \qquad (1.1)$$

e calculando $u(x)$ tal que

$$u(x) = \exp\left[\int \left(1 + \frac{1}{x}\right)\,dx\right] = \exp(x + \ln x) = x\,e^x$$

podemos escrever

$$u(x) \cdot \left[y' + \left(1 + \frac{1}{x}\right)y\right] = [u(x) \cdot y]'.$$

Multiplicando a Eq.(1.1) por $x\,e^x$ temos $(x\,e^x y)' = x\,e^x$. Então,

$$x\,e^x y = \int x\,e^x\,dx = x\,e^x - e^x + C$$

ou ainda, isolando y,

$$y(x) = 1 - \frac{1}{x} + \frac{C}{x}e^{-x}$$

onde C é uma constante real.

Exercício 1.9. Resolver os PVIs.

a) $y' + \dfrac{2}{x}y = \dfrac{\cos x}{x^2}$; $\quad x > 0, \quad y(\pi) = 0.$

b) $y' - 2xy = 1;\quad y(0) = 1$

Resolução. a) Calculando $u(x)$

$$u(x) = \exp\left(\int \frac{2}{x}\,dx\right) = e^{2\ln x} = x^2$$

e multiplicando a equação diferencial não homogênea por x^2 obtemos $x^2 \cdot y' + 2xy = \cos x$. Daí $(x^2 \cdot y)' = \cos x$. Logo $x^2 \cdot y = \operatorname{sen} x + C$ ou ainda na seguinte forma $y = \dfrac{\operatorname{sen} x}{x^2} + \dfrac{C}{x^2}$ onde C é uma constante. Como $y(\pi) = 0$ temos $C = 0$. Portanto, a solução do PVI é

$$y = \frac{\operatorname{sen} x}{x^2}.$$

b) Em analogia ao item anterior, podemos escrever

$$u(x) = \exp\left(\int (-2x)\,dx\right) = e^{-x^2}.$$

Multiplicando a equação diferencial por e^{-x^2} temos

$$(e^{-x^2} \cdot y)' = e^{-x^2} \quad \implies \quad e^{-x^2} \cdot y = \int e^{-x^2} \, dx.$$

Daí segue-se

$$y = e^{x^2} \left(\int_0^x e^{-t^2} \, dt \right) + C\, e^{x^2}.$$

Como $y(0) = 1$ temos que $C = 1$ e a solução do PVI é

$$y = e^{x^2} \left(\int_0^x e^{-t^2} \, dt \right) + e^{x^2}.$$

Ressaltamos que a integral $\int e^{-x^2} \, dx$ não admite uma primitiva elementar.

Exercício 1.10. a) Resolva o PVI: $y' = y^2$ para $y(0) = 1$.

b) A solução encontrada é contínua para $x \in (-2, 2)$?

Resolução. a) Visto que a equação é separável temos

$$\frac{dy}{y^2} = dx$$

cuja integração fornece $\frac{1}{y} = -x + C$ ou ainda $y = \dfrac{1}{C - x}$ onde C é uma constante. Como $y(0) = 1$ temos $C = 1$, portanto

$$y = \frac{1}{1-x}.$$

b) Apesar de $f(x, y) = y^2$ e $\dfrac{\partial f}{\partial y} = 2y$ serem contínuas no plano todo, a solução encontrada não é contínua em $(-2, 2)$. Note que o TEU garante a existência de um intervalo onde a solução é única. Nesse caso, por exemplo, o intervalo $(-1/2, 1/2)$ serve.

Exercício 1.11. Encontre a solução de $(2xy+x)\mathrm{d}x+(x^2+y)\mathrm{d}y = 0$.

Resolução. Sejam $M(x,y) = 2xy + x$ e $N(x,y) = x^2 + y$. Derivando[1] temos $M_y = 2x$ e $N_x = 2x$ que são contínuas tais que $M_y = N_x$.

Então a equação é **exata**, isto é, existe uma função $g(x,y)$ tal que $g_x = M$ e $g_y = N$. Podemos, então, escrever

$$g(x,y) = \int M\,\mathrm{d}x = \int (2xy+x)\mathrm{d}x = x^2 y + \frac{x^2}{2} + h(y),$$

logo, derivando em relação à variável y, $g_y = x^2 + h'(y)$. Como $g_y = N$ temos $h'(y) = y$ cuja integração fornece

$$h(y) = \frac{y^2}{2} + C_1$$

onde C_1 é uma constante de integração. Portanto, voltando na expressão para $g(x,y)$,

$$g(x,y) = x^2 y + \frac{x^2}{2} + \frac{y^2}{2} + C_1$$

e a solução da equação diferencial é dada implicitamente por

$$x^2 y + \frac{x^2}{2} + \frac{y^2}{2} = C_2$$

---

[1] A notação M_y significa a derivada parcial de M em relação à variável y supondo a outra variável x como uma constante.

EDO de primeira ordem

ou ainda na seguinte forma, multiplicando a equação por 2 e redefinindo a constante,

$$2x^2y + x^2 + y^2 = C$$

onde C é uma constante ($2C_2 = C$) arbitrária.

Exercício 1.12. Resolver a equação diferencial ordinária e não linear $(x^2 + y^2 + 1)\mathrm{d}x - (xy + y)\mathrm{d}y = 0$ com $x > -1$.

Resolução. Em analogia ao Exercício 1.11, temos as funções $M(x,y) = x^2 + y^2 + 1$ e $N(x,y) = -xy - y$, de onde segue-se, derivando, $M_y = 2y$ e $N_x = -y$. Estas duas funções são contínuas porém $M_y \neq N_x$ e, portanto, a equação **não é exata**.

Testando para **fator integrante** que só depende de x

$$\frac{M_y - N_x}{N} = \frac{2y + y}{-y(x+1)} = \frac{-3}{x+1}$$

que é uma função só de x. Então, visto que $x > -1$,

$$u(x) = e^{\int \left(\frac{-3}{x+1}\right)\mathrm{d}x} = \frac{1}{(x+1)^3}$$

é um fator integrante.

Multiplicando a equação diferencial por $u(x)$, temos

$$\frac{x^2 + y^2 + 1}{(x+1)^3}\mathrm{d}x - \frac{y}{(x+1)^2}\mathrm{d}y = 0$$

que, como pode ser verificado, é uma equação exata.

Procedendo como no anterior, temos

$$g_y = \frac{-y}{(x+1)^2}$$

de onde segue-se, integrando,

$$g(x,y) = \int \left(\frac{-y}{(x+1)^2}\right) dy = \frac{-y^2}{2(x+1)^2} + h(x)$$

onde $h(x)$ é uma função somente da variável x.

Derivando em relação a x a expressão anterior, temos

$$g_x = \frac{y^2}{(x+1)^3} + h'(x).$$

Como

$$g_x = \frac{x^2 + y^2 + 1}{(x+1)^3}$$

concluímos que

$$h'(x) = \frac{x^2 + 1}{(x+1)^3}.$$

Integrando esta equação em relação a x temos

$$h(x) = \ln(x+1) + \frac{2}{x+1} - \frac{1}{(x+1)^2} + C_2$$

onde C_2 é uma constante de integração arbitrária.

Utilizando esta expressão podemos escrever

$$g(x,y) = \frac{-y^2}{2(x+1)^2} + \ln(x+1) + \frac{2}{x+1} - \frac{1}{(x+1)^2} + C_2.$$

Logo, a solução da equação é dada implicitamente por

$$\frac{-y^2}{2(x+1)^2} + \ln(x+1) + \frac{2}{x+1} - \frac{1}{(x+1)^2} = C$$

onde C é uma constante arbitrária.

EDO de primeira ordem

Exercício 1.13. Mostre que a equação $(y + xy^2)dx - xdy = 0$ não é exata, encontre um fator integrante e resolva-a.

Resolução. Temos $M(x,y) = y + xy^2$ e $N(x,y) = -x$ cujas derivadas fornecem $M_y = 1 + 2xy$ e $N_x = -1$, respectivamente. Estas derivadas são contínuas mas $M_y \neq N_x$ e, portanto, a equação diferencial não é exata.

Como
$$\frac{M_y - N_x}{N} = \frac{1 + 2xy + 1}{-x} = \frac{2 + 2xy}{-x}$$
não é função só da variável x, a equação diferencial não admite fator integrante que dependa só de x. Mas,
$$\frac{N_x - M_y}{M} = \frac{-1 - 1 - 2xy}{y(1 + xy)} = \frac{-2(1 + xy)}{y(1 + xy)} = \frac{-2}{y}$$
é função só de y. Portanto,
$$u(y) = e^{\left(\int \frac{-2}{y} dy\right)} = \frac{1}{y^2}$$
é um fator integrante.

Multiplicando a equação por $\frac{1}{y^2}$ temos
$$\left(\frac{1}{y} + x\right) dx - \frac{x}{y^2} dy = 0$$
que é exata.

A partir de $g_x = \frac{1}{y} + x$ obtemos
$$g(x,y) = \frac{x}{y} + \frac{x^2}{2} + h(y)$$

cuja derivada em relação a y fornece

$$g_y = \frac{-x}{y^2} + h'(y).$$

Visto que $g_y = \frac{-x}{y^2}$ temos $h'(y) = 0$ de onde $h(y) = C_1$ com C_1 uma constante de integração. Logo

$$g(x,y) = \frac{x}{y} + \frac{x^2}{2} + C_1$$

que nos leva à solução da equação

$$\frac{x}{y} + \frac{x^2}{2} = C$$

com C uma constante arbitrária. Neste caso é possível explicitar y, logo a solução da equação diferencial pode ser escrita na forma

$$y = \frac{2x}{2C - x^2}.$$

Exercício 1.14. Encontre a solução da equação diferencial não linear $(2y^2 - 6xy)\mathrm{d}x + (3xy - 4x^2)\mathrm{d}y = 0$.

Resolução. Visto que $M(x,y) = 2y^2 - 6xy$, $M_y = 4y - 6x$, $N(x,y) = 3xy - 4x^2$ e $N_x = 3y - 8x$ são contínuas e $M_y \neq N_x$ a equação diferencial não é exata.

Ainda mais $(M_y - N_x)/N$ não é função só de x (verifique!) e $(N_x - M_y)/M$ não é função só de y (verifique!). Vamos procurar um fator integrante do tipo $x^m y^n$ com m e n a serem determinados.

Multiplicando a equação diferencial por $x^m y^n$ temos

$$(2x^m y^{n+2} - 6x^{m+1} y^{n+1})\mathrm{d}x + (3x^{m+1} y^{n+1} - 4x^{m+2} y^n)\mathrm{d}y = 0.$$

Para que essa equação diferencial seja exata, devemos ter

$$2(n+2)x^m y^{n+1} - 6(n+1)x^{m+1} y^n =$$
$$= 3(m+1)x^m y^{n+1} - 4(m+2)x^{m+1} y^n$$

ou seja, o seguinte sistema linear

$$\begin{cases} 2n - 3m = -1 \\ 6n - 4m = 2 \end{cases}$$

cuja solução é $m = 1 = n$.

Logo, multiplicando-se a equação diferencial por xy temos

$$(2xy^3 - 6x^2 y^2)\mathrm{d}x + (3x^2 y^2 - 4x^3 y)\mathrm{d}y = 0$$

e de $g_x = 2xy^3 - 6x^2 y^2$ obtemos, integrando na variável x,

$$g(x,y) = x^2 y^3 - 2x^3 y^2 + h(y)$$

onde $h(y)$ depende somente da variável y.

Como

$$g_y = 3x^2 y^2 - 4x^3 y + h'(y) = 3x^2 y^2 - 4x^3 y$$

temos $h'(y) = 0$ de onde, integrando, $h(y) = C_1$ onde C_1 é uma constante.

Portanto, $g(x,y) = x^2 y^3 - 2x^3 y^2 + C_1$ e a solução da equação diferencial é dada implicitamente por

$$x^2 y^3 - 2x^3 y^2 = C$$

onde C é uma constante arbitrária.

Exercício 1.15. Mostre que a equação diferencial

$$\frac{dy}{dx} = \frac{x+y}{x}$$

é homogênea e resolva-a.

Resolução. A função

$$f(x,y) = \frac{x+y}{x} = 1 + \frac{y}{x}$$

é uma função da razão y/x e, portanto, é **homogênea**.

Considerando a substituição $v = \frac{y}{x}$ ou seja $y = vx$ temos, derivando, $y' = xv' + v$ e substituindo na equação diferencial obtemos $xv' + v = 1 + v$. Logo

$$x\frac{dv}{dx} = 1 \quad \Longrightarrow \quad dv = \frac{dx}{x}$$

isto é, uma equação diferencial separável. Integrando, obtemos $v = \ln|x| + C$ em que C é uma constante de integração. Como $v = y/x$ finalmente temos a solução da equação diferencial dada por $y = x\ln|x| + Cx$.

Exercício 1.16. Resolva a equação diferencial

$$y' = \frac{x+y-3}{x-y-1}.$$

Resolução. Vamos transformar esta equação diferencial numa equação diferencial homogênea. Para tal, introduzimos as mudanças de variáveis $x = X + h$ e $y = Y + k$ onde h e k são

constantes a serem determinadas. Temos $\mathrm{d}x = \mathrm{d}X$ e $\mathrm{d}y = \mathrm{d}Y$ que substituído na equação diferencial fornece
$$\frac{\mathrm{d}Y}{\mathrm{d}X} = \frac{(X+h)+(Y+k)-3}{(X+h)-(Y+k)-1} = \frac{X+Y+h+k-3}{X-Y+h-k-1}.$$
Se o sistema
$$\begin{cases} h+k-3 = 0 \\ h-k-1 = 0 \end{cases}$$
ou seja $h = 2$ e $k = 1$ a equação diferencial toma a forma
$$\frac{\mathrm{d}Y}{\mathrm{d}X} = \frac{X+Y}{X-Y}$$
que é uma equação diferencial do tipo homogêneo.

Introduzindo a variável $Y = vX$, obtemos
$$Xv' + v = \frac{X+vX}{X-vX} = \frac{1+v}{1-v}$$
ou ainda na seguinte forma
$$Xv' = \frac{1+v}{1-v} - v = \frac{1+v-v+v^2}{1-v} = \frac{1+v^2}{1-v}.$$
Separando as variáveis, temos
$$\frac{1-v}{1+v^2}\mathrm{d}v = \frac{\mathrm{d}X}{X}.$$
Integrando obtemos $\arctan v - \frac{1}{2}\ln(1+v^2) = \ln|X| + C$ com C uma constante arbitrária.

Visto que $v = y/x$, $X = x - h = x - 2$ e $Y = y - k = y - 1$, podemos escrever a solução da equação diferencial na forma implícita
$$\arctan\left(\frac{y-1}{x-2}\right) - \frac{1}{2}\ln\left[1 + \frac{(y-1)^2}{(x-2)^2}\right] = \ln|x-2| + C$$
com C uma constante.

Exercício 1.17. Use uma substituição apropriada para resolver a equação diferencial
$$y' = \frac{2x+y-1}{4x+2y+5}.$$

Resolução. Vamos reescrever a equação diferencial não linear na seguinte forma
$$y' = \frac{2x+y-1}{2(2x+y)+5}.$$
Introduzindo a mudança de variável $z = 2x + y$, ou seja, $y = z - 2x$ de onde segue-se para a derivada $y' = z' - 2$, podemos escrever, substituindo na equação anterior
$$z' - 2 = \frac{z-1}{2z+5}.$$
Reescrevendo esta equação na forma
$$z' = \frac{5z+9}{2z+5}$$
e separando as variáveis obtemos
$$\frac{2z+5}{5z+9}\mathrm{d}z = \mathrm{d}x.$$
Integrando temos
$$\frac{2}{5}z + \frac{7}{25}\ln|5z+9| = x + C$$
com C uma constante de integração. Voltando na variável inicial, temos a solução da equação diferencial
$$\frac{2}{5}(2x+y) + \frac{7}{25}\ln|10x+5y+9| = x + C$$
onde C é uma constante arbitrária.

Exercício 1.18. Resolva o problema de valor inicial

$$y' + \frac{2}{x}y = x^6 y^3$$

para $x > 0$ e $y(1) = -1$.

Resolução. A equação dada é uma equação de Bernoulli. Vamos utilizar a substituição de variável dependente $v = y^{-2}$ a fim de torná-la uma equação diferencial linear. Derivando temos $v' = -2y^{-3}y'$ ou seja $y' = -\frac{1}{2}y^3 v'$. Substituindo na equação temos

$$-\frac{1}{2}y^3 v' + \frac{2}{x}y = x^6 y^3$$

que, dividida por y^3 fornece

$$-\frac{1}{2}v' + \frac{2}{x}v = x^6$$

ou ainda na seguinte forma

$$v' - \frac{4}{x}v = -2x^6$$

que é uma equação diferencial linear.

Então, a função $u(x) = e^{\left(-\int \frac{4}{x} dx\right)} = x^{-4}$ é um fator integrante para essa equação. Multiplicando a equação diferencial por x^{-4} temos

$$x^{-4}v' - 4x^{-5}v = -2x^2$$

ou ainda, na seguinte forma $(x^{-4} \cdot v)' = -2x^2$.

Logo $x^{-4}v = \frac{-2x^3}{3} + C$ onde C é uma constante de integração, de onde segue-se

$$v = \frac{-2x^7}{3} + Cx^4 = \frac{-2x^7 + 3Cx^4}{3}.$$

Voltando na variável y, isto é, $v = y^{-2}$ obtemos

$$y^2 = \frac{3}{3Cx^4 - 2x^7}.$$

A fim de determinar a constante, substituímos a condição $y(1) = -1$ de onde $C = 5/3$. Então, a solução explícita desse problema de valor inicial é

$$y(x) = -\sqrt{\frac{3}{5x^4 - 2x^7}}.$$

Exercício 1.19. Resolva o problema de valor inicial

$$y' + 2y = g(x)$$

com $y(0) = 0$ onde

$$g(x) = \begin{cases} 1 & \text{se } 0 \leq x \leq 1 \\ 0 & \text{se } x > 1. \end{cases}$$

Resolução. Para $0 \leq x \leq 1$, temos $y' + 2y = 1$. A solução geral dessa equação diferencial é $y = Ce^{-2x} + \frac{1}{2}$ com C uma constante arbitrária. Como $y(0) = 0$ temos $C = -1/2$. Por outro lado, para $x > 1$ temos $y' + 2y = 0$ cuja solução é $y = C_1 e^{-2x}$ com C_1 uma outra constante arbitrária. Então, podemos escrever

$$y(x) = \begin{cases} \dfrac{1}{2} - \dfrac{1}{2} e^{-2x} & \text{se } 0 \leq x \leq 1 \\[1em] C_1 e^{-2x} & \text{se } x > 1. \end{cases}$$

Note que y deve ser contínua no ponto $x = 1$ e, portanto, devemos ter
$$\lim_{x \to 1^-} y(x) = \lim_{x \to 1^+} y(x)$$
o que implica que a constante C_1 é tal que $C_1 = (e^2 - 1)/2$.

Exercício 1.20. Encontre as trajetórias ortogonais à família
$$y = \frac{Cx}{1+x}$$
com C uma constante.

Resolução. Se $y = \dfrac{Cx}{1+x}$ então $y' = \dfrac{C}{(1+x)^2}$. Eliminando C destas duas equações, invertendo e trocando o sinal, temos que as trajetórias ortogonais satisfazem a equação diferencial
$$y' = -\frac{x(1+x)}{y}$$
cuja solução é
$$y^2 = -x^2 - \frac{2}{3}x^3 + C_1$$
onde C_1 é uma constante.

Exercício 1.21. Uma substância radioativa decompõe-se a uma razão proporcional à quantidade presente e, no fim de 1500 anos, reduz-se à metade da quantidade original. Em quantos anos a quantidade original se reduz a um quarto? Qual a quantidade de substância encontrada ao fim de 6000 anos?

Resolução. Seja $x = x(t)$ a quantidade de substância no tempo t e x_0 a quantidade inicial. Do enunciado temos que

$$\frac{dx}{dt} = kx$$

onde k é uma constante de proporcionalidade. Então, a equação é separável,

$$\frac{dx}{x} = k\, dt$$

cuja solução é $\ln|x| = kt + C_1$ com C_1 uma constante de integração, ou ainda, visto que $x > 0$, na forma

$$x = C_2\, e^{kt}$$

onde C_2 é outra constante.

Como para $t = 0$ temos $x = x_0$ segue-se que $C_2 = x_0$. Por outro lado, como $x(1500) = \frac{x_0}{2}$ temos

$$k = -\frac{\ln 2}{1500}.$$

Se $x = x_0/4$ devemos ter

$$\frac{x_0}{4} = x_0\, e^{\left(-\frac{\ln 2}{1500}t\right)}$$

e, então

$$-\ln 4 = \left(-\frac{\ln 2}{1500}t\right)$$

o que implica $t = 3000$ anos. Finalmente, para $t = 6000$ anos temos $x = x_0/16$.

Exercício 1.22. A equação $(2x+\tan y)dx + (x - x^2\tan y)dy = 0$ admite um fator integrante que é função apenas de y. Encontre tal fator e resolva a equação.

Resolução. Temos $M = 2x + \tan y$ e $N = x - x^2\tan y$. Então,

$$\frac{N_x - M_y}{M} = \frac{1 - 2x\tan y - \sec^2 y}{2x + \tan y}$$

$$= \frac{1 - 2x\tan y - 1 - \tan^2 y}{2x + \tan y} = -\tan y.$$

Daí, o fator integrante é $u(y) = e^{-\int \tan y\, dy} = \cos y$. Multiplicando a equação diferencial dada por $\cos y$ temos

$$(2x\cos y + \operatorname{sen} y)dx + (x\cos y - x^2\operatorname{sen} y)dy = 0$$

que é exata. De $g_x = 2x\cos y + \operatorname{sen} y$ obtemos, por integração em x,

$$g(x,y) = x^2\cos y + x\operatorname{sen} y + h(y)$$

com $h(y)$ uma função que só depende de y.

Como, derivando,

$$g_y = -x^2\operatorname{sen} y + x\cos y + h'(y) = x\cos y - x^2\operatorname{sen} y$$

temos $h'(y) = 0$ e, portanto, $h(y) = C_1$ com C_1 uma constante. Finalmente, a solução da equação diferencial dada é $x^2\cos y + x\operatorname{sen} y = C$ onde C é uma constante.

Exercício 1.23. a) Resolva a equação diferencial $\dfrac{dy}{dx} = y^2 - 4$. b) O PVI $y' = y^2 - 4$, $y(0) = -2$ tem solução? Em caso afirmativo, exiba a solução.

Resolução. a) Separando as variáveis temos

$$\frac{dy}{y^2 - 4} = dx. \tag{1.2}$$

Usando frações parciais para integrar o primeiro membro da equação (1.2), temos

$$\int \frac{dy}{y^2 - 4} = \int \frac{1/4}{y - 2} dy - \int \frac{1/4}{y + 2} dy$$

$$= \frac{1}{4} \ln|y - 2| - \frac{1}{4} \ln|y + 2| + C_1$$

com C_1 uma constante. Voltando na Eq.(1.2) temos

$$\frac{1}{4} \ln|y - 2| - \frac{1}{4} \ln|y + 2| + C_1 = x + C_2$$

com C_2 outra constante que reescrevemos como (Verifique!)

$$\frac{y - 2}{y + 2} = C\, e^{4x}.$$

Então, isolando y, obtemos

$$y = \frac{2 + 2C\, e^4 x}{1 - C\, e^{4x}}.$$

b) Nenhum dos membros da família de soluções encontrada no item (a) satisfaz $y(0) = -2$. (Verifique!)

Note, porém, que a solução singular $y = -2$ satisfaz o PVI.

EDO de primeira ordem

Exercício 1.24. Resolver a equação diferencial não linear

$$y' = \frac{4y - 3x}{2x - y}.$$

Resolução. A equação diferencial dada é homogênea. Efetuando a mudança de variável

$$y = vx \qquad (1.3)$$

temos $y' = xv' + v$. Substituindo na equação, obtemos

$$xv' + v = \frac{4vx - 3x}{2x - vx} = \frac{4v - 3}{2 - v}$$

e daí

$$xv' = \frac{4v - 3}{2 - v} - v = \frac{v^2 + 2v - 3}{2 - v}.$$

Separando as variáveis, temos

$$\frac{2 - v}{v^2 + 2v - 3}\,dv = \frac{1}{x}\,dx.$$

Integrando ambos os membros, chegamos a:

$$\frac{1}{4}\ln|v - 1| - \frac{5}{4}\ln|v + 3| = \ln|x| + C_1$$

com C_1 uma constante. Esta pode ser reescrita como

$$|v - 1||v + 3|^{-5} = C_2 x^4$$

com C_2 outra constante. Voltando com a equação (1.3) na anterior temos, finalmente,

$$|y - x| = C_2|y + 3x|^5.$$

Note que, se v é constante na equação (1.3), a equação diferencial toma a forma
$$v = \frac{4v-3}{2-v}$$
e daí $v = 1$ ou $v = -3$. Portanto, $y = x$ e $y = -3x$ também são soluções da equação.

Exercício 1.25. Encontre os valores das constantes a e b para que a equação diferencial
$$(y\,e^{2xy} + ax)\,dx + bx\,e^{2xy}dy = 0$$
seja exata e resolva-a.

Resolução. Para que a equação seja exata, devemos ter
$$2xy\,e^{2xy} + e^{2xy} = 2bxy\,e^{2xy} + b\,e^{2xy}$$
ou seja $b = 1$.
Como $g_y = x\,e^{2xy}$ temos
$$g(x,y) = \frac{e^{2xy}}{2} + h(x)$$
onde $h(x)$ depende somente da variável x. Derivando em relação a x temos
$$g_x = y\,e^{2xy} + h'(x)$$
e daí $h'(x) = ax$. Portanto $h(x) = \frac{ax^2}{2} + C_1$ com C_1 uma constante.

EDO de primeira ordem

A solução da equação dada, para $b = 1$ e a arbitrário é

$$e^{2xy} + ax^2 = C$$

com C uma constante.

Exercício 1.26. Resolver a equação $2y' + 2xy = 2 + x^2 + y^2$ com $y = y(x)$.

Resolução. Esta é uma equação de Riccati. Por inspeção $y = x$, é uma solução da equação, como pode ser verificado por substituição direta. Vamos procurar a outra solução da equação na forma

$$y = x + \frac{1}{v} \qquad (1.4)$$

onde $v = v(x)$ deve ser determinada. Calculando a derivada y' e substituindo na equação temos

$$2 - 2\frac{v'}{v^2} + 2x\left(x + \frac{1}{v}\right) = 2 + x^2 + \left(x + \frac{1}{v}\right)^2$$

de onde se segue simplificando, $v' = -1/2$ cuja integração fornece $v = -\frac{x}{2} + C$ com C uma constante arbitrária. Voltando na equação (1.4) obtemos

$$y(x) = x + \frac{2}{2C - x}$$

que é uma família de soluções visto que contém uma constante arbitrária. Convém notar que a solução particular $y = x$ não pode ser recuperada a partir da família de soluções encontradas. Tal solução é uma solução singular.

Exercício 1.27. Resolver a equação $y = xy' - \frac{1}{4}(y')^2$ com $y = y(x)$.

Resolução. Esta é uma equação de Clairaut. Uma família de soluções é obtida com a substituição $y' = k$ onde k é uma constante. Logo, uma família de soluções é dada por

$$y(x) = kx - \frac{1}{4}k^2.$$

Uma solução particular é obtida eliminando-se k entre a função $y = kx - \frac{1}{4}k^2$ e a sua derivada em relação a k, $y' = x - \frac{k}{2}$ quando igualada a zero. Logo, substituindo $k = 2x$ na família de soluções, obtemos uma solução particular $y = x^2$.

Convém ressaltar que, na equação de Clairaut, as retas representadas pela família de soluções $y = Cx + f(C)$ são tangentes à linha representada pelas equações paramétricas

$$\begin{cases} y = Cx + f(C) \\ \dfrac{\mathrm{d}y}{\mathrm{d}C} = 0 \end{cases} \implies x = -f'(C)$$

da solução singular.

Exercício 1.28. Resolver o problema de valor inicial com equação

$$\frac{\mathrm{d}y}{\mathrm{d}x} = \frac{2x + y - 3}{x - y}$$

com $y = y(x)$ e a condição $y(2) = 1$.

Resolução. Comecemos por determinar os parâmetros a e b em $y = z + a$ e $x = w + b$ a fim de que a equação obtida seja do tipo homogêneo. Calculando as derivadas, obtemos

$$\frac{dz}{dw} = \frac{2w + 2b + z + a - 3}{w + b - z - a}$$

EDO de primeira ordem

de onde vamos impor

$$\begin{cases} 2b + a = 3 \\ b - a = 0 \end{cases}$$

cuja solução é $a = b = 1$. Logo, a equação do tipo homogêneo é tal que

$$\frac{dz}{dw} = \frac{2w + z}{w - z}.$$

Para resolver essa equação, introduzimos a mudança $z = vw$ onde v deve ser determinada. Calculando a derivada e substituindo na equação do tipo homogêneo, obtemos

$$w\frac{dv}{dw} + v = \frac{2w + vw}{w - vw} = \frac{2 + v}{1 - v}$$

que é uma equação separável e pode ser colocada na forma

$$\frac{dw}{w} = \frac{dv}{2 + v^2} - \frac{v\,dv}{2 + v^2}.$$

Integrando essa equação diferencial e voltando nas variáveis x e y, obtemos

$$\frac{1}{\sqrt{2}} \arctan\left[\frac{1}{\sqrt{2}}\left(\frac{y-1}{x-1}\right)\right] - \frac{1}{2}\ln[2(x-1)^2 + (y-1)^2] = C$$

onde C é uma constante arbitrária.

Utilizando a condição $y(2) = 1$ determinamos $-2C = \ln 2$. Voltando com esse valor na equação anterior e rearranjando, podemos escrever para a solução do PVI

$$\ln\left[(x-1)^2 + \left(\frac{y-1}{\sqrt{2}}\right)^2\right] = \sqrt{2}\arctan\left[\frac{\sqrt{2}}{2}\left(\frac{y-1}{x-1}\right)\right].$$

Exercício 1.29. Considere a equação de Clairaut

$$y = xy' + \frac{y'}{\sqrt{1+y'^2}}.$$

a) Obtenha uma família de soluções e b) Mostre que uma solução singular é dada por

$$x^{\frac{2}{3}} + y^{\frac{2}{3}} = 1.$$

Resolução. a) Seja $y' = k$. Logo, uma família de soluções é

$$y = kx + \frac{k}{\sqrt{1+k^2}}$$

com k uma constante arbitrária. b) A fim de determinar a solução singular, igualamos a derivada de y, em relação a k, a zero, isto é,

$$\frac{dy}{dk} = x + \frac{d}{dk}\left(\frac{k}{\sqrt{1+k^2}}\right) = 0.$$

Resolvendo para x, obtemos

$$x = -(1+k^2)^{-3/2} \quad \Longrightarrow \quad x^{\frac{2}{3}} = \frac{1}{1+k^2}$$

que, quando substituído em y, fornece

$$y^{\frac{2}{3}} = \frac{k^2}{1+k^2}.$$

Adicionando os dois últimos resultados, eliminando k, e simplificando obtemos o resultado desejado.

Exercício 1.30. A lei de Newton do resfriamento afirma: *A temperatura superficial de um objeto varia numa taxa proporcional à diferença entre a temperatura do objeto e a do meio.* Sendo $T(t)$ a temperatura no tempo t e T_0 a temperatura ambiente, considerada constante, pede-se: a) escreva a equação diferencial relativa à lei de Newton; b) Resolva a equação diferencial do item anterior satisfazendo a condição inicial $T(0) = T_1$ =constante e c) Em um dia em que a temperatura ambiente é de 20ž C, uma garçonete nos traz uma xícara de café recém-coado, a uma temperatura de $80°C$. Um minuto mais tarde (tempo necessário para beber um copo de água mineral com gás) a temperatura já diminuiu para 50ž C. Qual o período de tempo, τ, decorrido até que a temperatura atinja 35ž C? – Temperatura esta a qual podemos tomar o café sem *queimar a língua.*

Resolução. a) Seja k uma constante, logo

$$\frac{d}{dt}T(t) = k[T(t) - T_0]$$

que é a equação diferencial desejada. b) Essa é uma equação separável

$$\frac{dT}{T - T_0} = k dt$$

cuja integração fornece $T(t) = T_0 + C e^{kt}$ onde C é uma constante arbitrária. Utilizando a condição $T(0) = T_1$, obtemos a solução

$$T(t) = T_0 + (T_1 - T_0) e^{kt}.$$

c) Substituindo os valores $T_0 = 20$, $T_1 = 80$, $T(1) = 50$ e $T(\tau) = 35$ obtemos $k = -\ln 2$ logo, $\tau = 2$ minutos.

Exercício 1.31. Considere a equação diferencial ordinária que descreve o movimento de queda de um corpo de massa m, sujeito a uma força proporcional ao quadrado da velocidade

$$m\frac{\mathrm{d}}{\mathrm{d}t}v(t) = mg - kv^2(t)$$

onde k é uma constante positiva, representando o termo associado à resistência do ar e g é a aceleração gravitacional local. Sendo $v(0) = 0$, obtenha a velocidade limite de queda do corpo.

Resolução. A equação é separável, isto é,

$$\frac{\mathrm{d}v}{mg - kv^2} = \frac{\mathrm{d}t}{m}$$

ou ainda, na seguinte forma, com $\beta^2 = mg/k$,

$$\frac{\mathrm{d}v}{\beta^2 - v^2} = \frac{k}{m}\mathrm{d}t.$$

Devemos agora integrar esta equação ao que pode ser feito de duas maneiras, a saber, frações parciais ou uma substituição trigonométrica. A fim de trabalhar a segunda maneira, devemos recuperar o seguinte resultado

$$\int \frac{\mathrm{d}\theta}{\cos\theta} = \ln|\sec\theta + \tan\theta| + C$$

com C uma constante de integração. Introduzindo a variável sen $\theta = v/\beta$ e integrando podemos escrever, já simplificando,

$$\frac{1}{\beta}\ln\left(\frac{1 + v/\beta}{\sqrt{1 - v^2/\beta^2}}\right) = \frac{k}{m}t + C_1$$

com C_1 uma constante arbitrária. Utilizando a condição inicial $v(0) = 0$ obtemos $C_1 = 0$ de onde se segue para a solução da equação diferencial satisfazendo a condição dada

$$v(t) = \sqrt{\frac{mg}{k}} \tanh\left(\sqrt{\frac{kg}{m}} t\right).$$

No limite $t \to \infty$ obtemos o resultado desejado $v_L = \sqrt{\frac{mg}{k}}$.

Exercício 1.32. [Provão 1999] Um modelo clássico para crescimento de uma população de determinada espécie está descrito a seguir. Indicando por $y = y(t)$ o número de indivíduos desta espécie, o modelo admite que a taxa de crescimento relativo da população seja proporcional à diferença $M - y(t)$, onde $M > 0$ é uma constante. Isto conduz à equação diferencial

$$\frac{1}{y(t)} \frac{d}{dt} y(t) = k[M - y(t)]$$

onde $k > 0$ é uma constante que depende da particular espécie. Com base no exposto: (a) resolva a equação diferencial acima; (b) considere o modelo apresentado para o caso particular em que $M = 1000$, $k = 1$ e $y(0) = 250$ e explique qualitativamente como se dá o crescimento da população correspondente, indicando os valores de t para os quais $y(t)$ é crescente, e o valor limite de $y(t)$ quando $t \to \infty$.

Resolução. (a) Esta é uma equação diferencial separável, isto é, pode ser colocada na seguinte forma

$$\frac{dy}{y(M-y)} = k dt$$

cuja integração, utilizando frações parciais, fornece

$$\ln y - \ln(M - y) = Mkt + \ln C$$

onde $C > 0$ é uma constante. Rearranjando e isolando $y(t)$ obtemos

$$y(t) = CM \frac{e^{Mkt}}{1 + C\, e^{Mkt}}.$$

(b) Com os dados do problema obtemos $C = 1/3$ de onde segue-se

$$y(t) = 1000 \frac{e^{1000t}}{3 + e^{1000t}}.$$

Calculando a derivada em relação a t da expressão anterior, concluímos que esta sempre será positiva enquanto no limite $t \to \infty$ obtemos

$$\lim_{t \to \infty} y(t) = 1000.$$

Exercício 1.33. Considere a equação diferencial ordinária que descreve o movimento de um corpo de massa m, sujeito a uma força proporcional ao quadrado da velocidade

$$m \frac{d}{dt} v(t) = mg - kv^2(t)$$

onde k é uma constante positiva, representando o termo associado à resistência do ar e g é a aceleração da gravidade local. Considere o caso em que $s(0) = 0 = v(0)$, isto é o corpo é abandonado. Integre a equação diferencial a fim de obter a equação horária, isto é, $s = s(t)$.

EDO de primeira ordem

Resolução. Introduzindo a notação $\beta^2 = \omega^2/g$ onde $\omega^2 = k/m$ a equação, já na forma separada, toma a forma

$$\frac{dv}{1 - \beta^2 v^2} = g dt$$

cuja integração fornece

$$\ln|\sec\theta + \tan\theta| = \beta g t + C$$

onde C é uma constante arbitrária e sen $\theta = \beta v$. Utilizando a condição $v(0) = 0$ temos $C = 0$ de onde podemos escrever para a velocidade

$$v(t) = \frac{1}{\beta} \tanh \gamma$$

onde $\gamma = \beta g t$. Lembrando que a equação horária é determinada a partir da integração da velocidade, devemos resolver a equação diferencial

$$\frac{d}{dt} s(t) = \frac{1}{\beta} \tanh \gamma.$$

Integrando a equação anterior obtemos

$$s(t) = \frac{1}{\beta^2 g} \ln[\cosh(\beta g t)] + C_1$$

onde C_1 é uma outra constante arbitrária. Utilizando a outra condição, $s(0) = 0$ obtemos, finalmente,

$$s(t) = \frac{m}{k} \ln\left[\cosh\left(\sqrt{\frac{gk}{m}} t\right)\right].$$

Exercício 1.34. Resolva o problema de valor inicial, constituído pela equação diferencial

$$\frac{dy}{dx} = \frac{y^2}{x^2} + 4\frac{y}{x} + 2$$

e pela condição inicial $y(2) = 2$.

Resolução. Esta é uma equação diferencial que pode ser identificada como uma equação do tipo homogêneo e, para tanto, introduzimos a mudança de variável $y = vx$ onde v deve ser determinado impondo que y satisfaça a equação diferencial. Calculando a derivada e substituindo na equação diferencial podemos escrever

$$xv' = v^2 + 3v + 2$$

que é uma equação diferencial separável, isto é, pode ser colocada na forma

$$\frac{dv}{v^2 + 3v + 2} = \frac{dx}{x}.$$

Utilizando frações parciais e rearranjando obtemos

$$\ln|x| = -\ln\left|\frac{v+1}{v+2}\right| + \ln C$$

com $C > 0$ uma constante e que pode ser colocada na forma $x^2 + xy = C(2x + y)$. Para determinar a constante, utilizamos a condição $y(2) = 2$ de onde se segue a solução do PVI

$$x^2 + xy = \frac{4}{3}(2x + y).$$

Exercício 1.35. Mostre que a equação diferencial

$$(x^2 + 1)dy + (2x^2 + xy)dx = 0$$

não é exata mas admite fator integrante, dependente só de x.

Resolução. Identificando com uma equação diferencial na forma exata temos

$$M(x,y) = 2x^2 + xy \quad \text{e} \quad N(x,y) = x^2 + 1$$

de onde segue-se, calculando as derivadas parciais

$$\frac{\partial M}{\partial y} \neq \frac{\partial N}{\partial x}$$

portanto não é exata. Por outro lado, temos

$$\frac{1}{N}\left(\frac{\partial M}{\partial y} - \frac{\partial N}{\partial x}\right) = \frac{1}{x^2+1}(x - 2x) = -\frac{x}{x^2+1} = f(x)$$

ou seja, uma função apenas de x. Logo, podemos escrever para o fator integrante

$$\mu(x) = \exp\left[\int f(x)dx\right] = \exp\left[\int \frac{-x}{x^2+1}dx\right].$$

Integrando explicitamente, obtemos

$$\mu(x) = \exp\left[-\frac{1}{2}\ln(1+x^2)\right] = \frac{1}{\sqrt{1+x^2}}.$$

$\mu(x)$ dado acima é fator integrante para a equação diferencial dada (Verifique!).

Exercício 1.36. Utilizando a metodologia conforme o exercício 1.35, resolva o PVI

$$(y^2 - x^2)\mathrm{d}x = 2xy\,\mathrm{d}y \quad \text{e} \quad y(1) = 1.$$

Resolução. Primeiramente, vamos calcular $f(x)$ tal que

$$f(x) = \frac{1}{N}\left(\frac{\partial M}{\partial y} - \frac{\partial N}{\partial x}\right) = -\frac{2}{x}.$$

Para o fator integrante devemos integrar $f(x)$, obtendo

$$\mu(x) = \exp\left(-2\int \frac{\mathrm{d}x}{x}\right) = \frac{1}{x^2}$$

Multiplicando a equação diferencial pelo fator integrante e rearranjando obtemos

$$\left(\frac{y^2}{x^2} - 1\right)\mathrm{d}x = 2\frac{y}{x}\mathrm{d}y$$

que é identificada com uma equação diferencial do tipo homogêneo. Vamos procurar v tal que $y = vx$ satisfaça a equação. Calculando a derivada podemos escrever

$$(v^2 - 1) = 2v\frac{\mathrm{d}y}{\mathrm{d}x} = 2v(v + xv')$$

que é uma equação diferencial separável a qual pode ser colocada na forma

$$\frac{\mathrm{d}x}{x} = -\frac{2v}{1+v^2}\mathrm{d}v.$$

Integrando, voltando na variável y e rearranjando podemos escrever

$$x^2 + y^2 = Cx$$

com C uma constante arbitrária. Utilizando a condição dada $y(1) = 1$ temos $x^2 + y^2 - 2x = 0$ que pode ser colocada na forma

$$(x-1)^2 + y^2 = 1$$

que representa uma circunferência centrada no ponto $(1,0)$ com raio unitário.

Exercício 1.37. Seja $y = y(x)$. Resolver a equação diferencial

$$(1 - x^2)y' = 1 + xy \quad \text{para} \quad -1 < x < 1.$$

Resolução. Começamos por integrar a equação diferencial homogênea associada

$$\frac{dy_H}{dx} - \frac{x}{1-x^2}y_H = 0$$

que é uma equação separável de onde segue-se

$$y_H(x) = \frac{C}{\sqrt{1-x^2}}$$

com C uma constante arbitrária. Conhecida a solução da equação homogênea associada, vamos procurar uma solução para a equação não homogênea na forma

$$y(x) = \frac{v(x)}{\sqrt{1-x^2}}$$

onde $v(x)$ deve ser determinada. Calculando a derivada e substituindo na equação diferencial não homogênea podemos escrever

$$v'(1-x^2)^{1/2} + x(1-x^2)^{-1/2}v = 1 + xv(1-x^2)^{-1/2}$$

que, após simplificação, toma a forma
$$\frac{dv}{dx} = \frac{1}{\sqrt{1-x^2}}$$
cuja integração fornece
$$y(x) = \frac{\operatorname{arcsen} x + C}{\sqrt{1-x^2}}$$
com C uma constante arbitrária.

Exercício 1.38. Mostre que a solução da equação diferencial
$$\operatorname{sen} x \frac{dy}{dx} + y = 0$$
é dada por
$$y = \frac{C}{\tan(x/2)}$$
com $C > 0$ uma constante.

Resolução. Esta é uma equação separável, logo
$$\frac{dy}{y} = -\frac{dx}{\operatorname{sen} x} \implies \int \frac{dy}{y} = -\int \frac{dx}{\operatorname{sen} x}.$$
Vamos calcular explicitamente a integral resultante, isto é,
$$\int \frac{dx}{\operatorname{sen} x} = \frac{1}{2} \int \frac{dx}{\operatorname{sen}(x/2)\cos(x/2)}.$$
Introduzindo a mudança de variável $t = \tan(x/2)$, cuja derivada é $dt = \frac{1}{2}\sec^2(x/2)dx$, podemos escrever
$$\int \frac{dx}{\operatorname{sen} x} = \frac{1}{2} \int \frac{2\cos^2(x/2)}{t\cos^2(x/2)} dt = \int \frac{dt}{t}.$$
Voltando, com este resultado na equação diferencial temos
$$\frac{dy}{y} = -\frac{dt}{t}$$

EDO de primeira ordem 41

cuja integração fornece, já voltando na variável x,

$$\ln|y| = -\ln|\tan(x/2)| + \ln C$$

de onde segue-se

$$y = \frac{C}{\tan(x/2)}$$

com $C > 0$ uma constante.

Exercício 1.39. Utilize o resultado do Exercício 1.38 para resolver o PVI, constituído pela equação diferencial

$$\operatorname{sen} x \frac{dy}{dx} + y = 2\cos^2(x/2)$$

e a condição $y(\frac{\pi}{2}) = \frac{\pi}{2}$.

Resolução. Visto que conhecemos a solução da equação homogênea associada, vamos procurar v tal que

$$y = \frac{v}{\tan(x/2)}$$

seja solução da equação diferencial não homogênea. Calculando a derivada e substituindo na equação diferencial não homogênea podemos escrever

$$-\frac{v/2}{\operatorname{sen}^2(x/2)}\operatorname{sen} x + \operatorname{sen} x \frac{\cos(x/2)}{\operatorname{sen}(x/2)} v' + \frac{v}{\tan(x/2)} = 2\cos^2(x/2)$$

ou ainda, após simplificação, na forma $v' = 1$. Voltando na variável y, temos

$$y = \frac{x + C}{\tan(x/2)}$$

com C uma constante arbitrária. Utilizando a condição dada $y(\frac{\pi}{2}) = \frac{\pi}{2}$ concluímos que $C = 0$ de onde se segue

$$y(x) = \frac{x}{\tan(x/2)}.$$

Exercício 1.40. Resolva o PVI constituído pela equação diferencial

$$\operatorname{sen} x \frac{dy}{dx} + y = \operatorname{sen} x + x$$

com $y = y(x)$ e a condição $y(\frac{\pi}{2}) = \frac{\pi}{2}$.

Resolução. Visto que conhecemos a solução da equação diferencial homogênea associada e que uma solução particular da equação diferencial não homogênea é $y = x$ podemos escrever a solução da equação diferencial não homogênea na forma

$$y = x + \frac{C}{\tan(x/2)}$$

com C uma constante. Impondo a condição dada $y(\frac{\pi}{2}) = \frac{\pi}{2}$ temos $C = 0$ de onde segue-se que $y = x$ é a solução do PVI.

Exercício 1.41. Mostre que a equação de Bernoulli, uma equação diferencial ordinária e não linear,

$$y' + My = Ny^n$$

com M e N sendo funções apenas da variável x e $n \neq 1$, pode ser transformada em uma equação diferencial linear.

EDO de primeira ordem 43

Resolução. Note que se $n = 1$ a equação é linear e homogênea enquanto que se $n = 0$ a equação é linear e não homogênea. Seja $n \neq 0$ e $n \neq 1$. Dividindo a equação por y^n obtemos

$$y'y^{-n} + My^{1-n} = N.$$

Consideremos a seguinte mudança de variável $y^{1-n} = (1-n)z$. Derivando em relação à variável x e simplificando, podemos escrever

$$y^{-n}\frac{dy}{dx} = \frac{dz}{dx}.$$

Substituindo o resultado anterior na equação de Bernoulli, obtemos

$$\frac{dz}{dx} + (1-n)zM = N$$

que é uma equação diferencial ordinária e linear.

Convém ressaltar que, na prática, a melhor maneira de se resolver (integrar) uma equação de Bernoulli, é utilizar a metodologia proposta acima, isto é, repetindo os passos da transformação em uma equação diferencial ordinária linear.

Exercício 1.42. Um modelo que descreve a relação entre o preço e as vendas semanais de um determinado produto pode ser representado pela equação diferencial

$$\frac{d}{dx}y(x) = -\frac{1}{2}\left[\frac{y(x)}{x+3}\right]$$

onde $y(x)$ é o volume de vendas e x é o preço por unidade, isto é, em qualquer tempo, a taxa de declínio das vendas com relação ao preço é proporcional ao nível de vendas e inversamente proporcional ao preço de vendas adicionado de uma constante. a) Resolva a equação. b) obtenha $y(x)$ tal que $y(1) = 4$ e c) com a condição do item anterior, calcule $y(13)$.

Resolução. a) Visto que a equação é separável temos
$$\frac{dy}{y} = -\frac{1}{2}\frac{dx}{x+3}$$
cuja integração fornece
$$y(x) = \frac{C}{\sqrt{x+3}}$$
onde C é uma constante. b) A partir da condição $y(1) = 4$ obtemos a constante $C = 8$, logo a solução do PVI é
$$y(x) = \frac{8}{\sqrt{x+3}}.$$
c) Para $x = 13$ obtemos, por substituição direta, $y(13) = 2$.

Exercício 1.43. Mostre que a equação diferencial
$$y' = f\left(\frac{a_1 x + a_2 y + a_3}{b_1 x + b_2 y + b_3}\right)$$
com a_i e b_i constantes para $i = 1, 2, 3$ é redutível a uma equação separável, respeitada a existência das operações.

Resolução. Sejam ξ e η novas variáveis tais que
$$y = \xi + A \quad \text{e} \quad x = \eta + B$$

onde A e B devem ser determinadas. Introduzindo na equação diferencial podemos escrever

$$\frac{d\xi}{d\eta} = f\left(\frac{a_1\eta + a_2\xi}{b_1\eta + b_2\xi}\right)$$

com
$$\begin{cases} a_1 B + a_2 A = -a_3 \\ b_1 B + b_2 A = -b_3 \end{cases}$$

cuja solução fornece

$$A = \frac{b_3 a_1 - b_1 a_3}{b_1 a_2 - b_2 a_1} \quad \text{e} \quad B = \frac{b_2 a_3 - b_3 a_2}{b_1 a_2 - b_2 a_1}.$$

Seja, agora, a seguinte mudança de variável (equação do tipo homogêneo) $\xi = v\eta$ onde v deve ser determinada. Introduzindo na equação diferencial, podemos escrever

$$v + \eta \frac{dv}{d\eta} = f\left(\frac{a_1 + a_2 v}{b_1 + b_2 v}\right)$$

que é uma equação diferencial separável, de onde se segue, integrando na variável η,

$$\ln \eta = \int^v \frac{du}{-u + f\left(\dfrac{a_1 + a_2 u}{b_1 + b_2 u}\right)}.$$

Exercício 1.44. Considere a seguinte equação diferencial

$$\frac{d}{dx}y(x) = \sigma^2 \cos^2 y + \mu^2 \operatorname{sen}^2 y$$

com σ^2 e μ^2 constantes. a) Classifique a equação e b) Introduza a mudança de variável

$$\tan y(x) = \alpha z(x)$$

onde α é um parâmetro, a fim de resolver a equação impondo a condição $y(0) = 0$.

Resolução. a) Esta é uma equação diferencial de primeira ordem e não linear.

b) Calculando a derivada, temos

$$\frac{d}{dx}y(x) = \frac{\alpha}{1 + z^2\alpha^2}\frac{d}{dx}z(x).$$

Identificando o parâmetro $\alpha = \sigma/\mu$ e substituindo na equação, obtemos

$$\frac{d}{dx}z(x) = \sigma\mu(1 + z^2)$$

que é uma equação separável com solução dada por

$$\arctan z(x) = \mu\sigma x + C$$

com C uma constante. Como $\tan y(x) = \alpha z(x)$, impondo a condição $y(0) = 0$ encontramos $z(0) = 0$ e, então, $C = 0$. Daí $z(x) = \tan(\mu\sigma x)$ e

$$\frac{1}{\alpha}\tan y(x) = \frac{\mu}{\sigma}\tan y(x) = \tan\mu\sigma x$$

ou ainda, explicitamente

$$y(x) = \arctan\left[\frac{\sigma}{\mu}\tan(\mu\sigma x)\right].$$

EDO de primeira ordem 47

Exercício 1.45. Encontre a solução do PVI, com $y = y(x)$,
$$y' = x^2 y \cos x + 5xy^2 \operatorname{sen} y\,; \qquad y(\pi/3) = 0.$$

Resolução. Como $f(x,y) = x^2 y \cos x + 5xy^2 \operatorname{sen} y$ e a derivada $\frac{\partial f}{\partial y} = x^2 \cos y + 5xy^2 \cos y + 10xy \operatorname{sen} y$ são contínuas, o TEU garante solução única. É claro que $y \equiv 0$ satisfaz a equação e a condição inicial. Portanto, é a única solução desse PVI.

Exercício 1.46. Resolva o problema de valor inicial, composto pela equação diferencial
$$\frac{\mathrm{d}}{\mathrm{d}x} y(x) - (\cot x)\, y(x) = 1$$
e satisfazendo a condição inicial $y(\pi/2) = 1$.

Resolução. Reescrevemos a equação diferencial na seguinte forma
$$\operatorname{sen} x \frac{\mathrm{d}}{\mathrm{d}x} y(x) - (\cos x)\, y(x) = \operatorname{sen} x.$$
Note que o primeiro membro pode ser escrito na forma
$$\operatorname{sen}^2 x\, \frac{\mathrm{d}}{\mathrm{d}x}\left(\frac{y}{\operatorname{sen} x}\right) = \operatorname{sen} x$$
cuja integração fornece
$$\frac{y(x)}{\operatorname{sen} x} = \int^{x} \frac{\mathrm{d}\xi}{\operatorname{sen} \xi} + C$$
onde C é uma constante. Integrando, temos
$$y(x) = \operatorname{sen} x \left[\ln\left|\tan\left(\frac{x}{2}\right)\right| + C \right].$$

Impondo a condição inicial, obtemos $C = 1$ logo a solução do PVI é

$$y(x) = \operatorname{sen} x \left[\ln \left| \tan \left(\frac{x}{2} \right) \right| + 1 \right].$$

Exercício 1.47. Resolva o PVI composto pela equação diferencial

$$(1 + x^2)y' - 2xy = 4x^3 + 4x$$

com $y = y(x)$, satisfazendo a condição inicial $y(0) = 1$.

Resolução. Vamos determinar a solução geral da respectiva equação diferencial homogênea, que é separável e pode ser colocada na forma

$$\frac{dy}{y} = \frac{2x\,dx}{1 + x^2}$$

cuja integração fornece

$$y_H(x) = C(1 + x^2)$$

com C uma constante arbitrária. Para determinar uma solução particular, impomos que $y_P(x) = u(x)(1+x^2)$ seja solução da equação não homogênea, onde $u(x)$ deve ser determinada. Calculando a derivada, substituindo na equação não homogênea e, simplificando, podemos escrever

$$\frac{du(x)}{dx} = \frac{4x^3 + 4x}{(1 + x^2)^2}$$

cuja integração fornece, já voltando na variável y,

$$y_P(x) = 2(1 + x^2)\ln(1 + x^2).$$

EDO de primeira ordem

Coletando os resultados anteriores, a solução geral da equação diferencial é

$$y(x) = C(1+x^2)^2 + 2(1+x^2)\ln(1+x^2)$$

que, com a imposição da condição inicial $y(0) = 1$ fornece $C = 1$ de onde segue-se a solução do PVI

$$y(x) = (1+x^2)^2 + 2(1+x^2)\ln(1+x^2).$$

Matemática é a arte de dar o mesmo nome para
diferentes coisas.
1854 – Jules Henri Poincaré – 1912

2

Equações diferenciais ordinárias de segunda ordem

Abordamos as equações diferenciais homogêneas procurando a solução geral, contendo duas constantes arbitrárias. Para estas equações, propomos exercícios clássicos, em particular, o método de redução de ordem. Para as equações cujos coeficientes são constantes, procuramos a solução geral através da exponencial, levando a equação diferencial a uma equação algébrica. Apresentamos, também, problemas de valor inicial, isto é, uma equação diferencial e as condições, valor da função e da derivada primeira em um ponto.

No caso de equações diferenciais com coeficientes não constantes, discutimos só a equação tipo Euler cuja solução é procurada por meio de uma equação auxiliar e as demais são postergadas para o capítulo onde discutimos as séries de potências. As equações diferenciais não homogêneas têm a abordagem clássica, isto é, procuramos uma solução particular da equação não homogênea através dos métodos de coeficientes a determinar ou variação de parâmetros.

Exercício 2.1. Use a substituição $v = y'$ para resolver a equação diferencial $y'' - \frac{1}{x}y' = 0$.

Resolução. Se $v = y'$ temos $y'' = v'$. Substituindo obtemos $v' - \frac{1}{x}v = 0$ que é uma equação diferencial linear de primeira ordem.

Separando as variáveis, temos
$$\frac{dv}{v} = \frac{dx}{x}$$
e, então, integrando $\ln|v| = \ln|x| + C_1$, com C_1 uma constante. Daí, $v = A_1 x$ onde A_1 é uma outra constante. Como $v = y'$ podemos escrever
$$y = A_1 \frac{x^2}{2} + B$$
que reescrevemos na forma $y = Ax^2 + B$ com A e B constantes arbitrárias.

Exercício 2.2. Use a substituição $v = dy/dx$ para resolver a equação diferencial $yy'' + (y')^2 = 0$.

Resolução. Se $v = dy/dx$ temos
$$y'' = \frac{dv}{dx} = \frac{dv}{dy}\frac{dy}{dx} = v\frac{dv}{dy}.$$

Substituindo na equação diferencial de partida, obtemos

$$yv\frac{\mathrm{d}v}{\mathrm{d}y} + v^2 = 0$$

ou ainda, na forma

$$y\frac{\mathrm{d}v}{\mathrm{d}y} + v = 0.$$

Separando as variáveis e integrando temos $v = \frac{C_1}{y}$ com C_1 uma constante. Visto que $v = \frac{\mathrm{d}y}{\mathrm{d}x}$, obtemos $y\,\mathrm{d}y = C_1\,\mathrm{d}x$ e

$$\frac{y^2}{2} = C_1 x + C_2$$

com C_2 outra constante. Finalmente, a solução da equação diferencial é

$$y^2 = Ax + B$$

com $A = 2C_1$ e $B = 2C_2$ constantes arbitrárias.

Exercício 2.3. Prove o teorema de Abel. Se as funções $p(x)$ e $q(x)$ são contínuas em (a, b) e se $y_1(x)$ e $y_2(x)$ são soluções de

$$y''(x) + p(x)y'(x) + q(x)y(x) = 0$$

em (a, b) então o Wronskiano, denotado por $W(y_1, y_2)(x)$, é identicamente nulo ou nunca se anula.

Resolução. Por hipótese, temos

$$\begin{array}{rl} y_1'' + py_1' + qy_1 &= 0 \\ y_2'' + py_2' + qy_2 &= 0. \end{array} \qquad (2.1)$$

Multiplicando a primeira equação de (2.1) por $-y_2$ e a segunda equação por y_1 obtemos

$$\begin{aligned}-y_2 y_1'' - p y_2 y_1' - q y_2 y_1 &= 0 \\ y_1 y_2'' + p y_1 y_2' + q y_1 y_2 &= 0.\end{aligned} \quad (2.2)$$

Somando as duas equações de (2.2), obtemos

$$(y_1 y_2'' - y_2 y_1'') + p(y_1 y_2' - y_2 y_1') = 0. \quad (2.3)$$

Da definição do Wronskiano $W(y_1, y_2) = y_1 y_2' - y_2 y_1'$, temos para a sua derivada

$$(W(y_1, y_2))' = y_1 y_2'' - y_2 y_1''$$

e a equação (2.3) fica

$$(W(y_1, y_2))' + p(W(y_1, y_2)) = 0$$

cuja solução é

$$W(y_1, y_2) = C \exp\left(-\int^x p(t)\,\mathrm{d}t\right)$$

com C uma constante arbitrária. Então, se $C = 0$, $W(y_1, y_2)$ é identicamente nulo em (a, b) e dizemos que as soluções são linearmente dependentes, LD, e se $C \neq 0$, $W(y_1, y_2)$ nunca se anula em (a, b) e dizemos que as soluções são linearmente independentes, LI.

Exercício 2.4. Se $y_1(x)$ e $y_2(x)$ são duas soluções LI de

$$x^2 y'' - 2y' + (3 + x)y = 0$$

para $x > 0$ e se $W(y_1, y_2)(2) = 3$ calcular $W(y_1, y_2)(4)$.

Resolução. Pelo Exercício 2.3 temos

$$W(y_1, y_2) = C \exp\left(-\int^x \left(-\frac{2}{t^2}\right) dt\right) = C \exp\left(-\frac{2}{x}\right)$$

com C uma constante arbitrária.

Como $W(y_1, y_2)(2) = 3$ temos $3 = C\,\mathrm{e}^{-1}$ e, portanto, $C = 3\,\mathrm{e}$.
Então

$$W(y_1, y_2)(4) = 3\,\mathrm{e}\,\mathrm{e}^{-\frac{1}{2}} = 3\,\mathrm{e}^{\frac{1}{2}}.$$

Exercício 2.5. Resolver as equações diferenciais

(a) $y'' + 2y' - 3y = 0$,
(b) $y'' - 4y' + 4y = 0$,
(c) $y'' - 4y' + 13y = 0$.

Resolução. Para equações diferenciais $ay'' + by' + cy = 0$ com coeficientes a, b, c reais constantes, se procurarmos soluções do tipo $y = \mathrm{e}^{rx}$ com r uma constante, chegamos à equação (algébrica) auxiliar $ar^2 + br + c = 0$.

Então, para a equação do item (a), temos $r^2 + 2r - 3 = 0$ cujas raízes são $r_1 = 1$ e $r_2 = -3$. Portanto, a solução geral da equação diferencial dada é

$$y(x) = C_1\,\mathrm{e}^{x} + C_2\,\mathrm{e}^{-3x}$$

com C_1 e C_2 constantes arbitrárias.

b) A equação auxiliar é $r^2 - 4r + 4 = 0$. As raízes são reais e iguais a 2. Portanto a solução geral da equação diferencial é

$$y(x) = C_1 e^{2x} + C_2 x e^{2x}$$

com C_1 e C_2 constantes arbitrárias.

c) Neste caso, a equação auxiliar é $r^2 - 4r + 13 = 0$ cujas raízes são $r_1 = 2 + 3i$ e $r_2 = 2 - 3i$. Uma solução complexa dessa equação é

$$y(x) = e^{(2+3i)x} = e^{2x}(\cos 3x + i \operatorname{sen} 3x).$$

Uma solução geral real dessa equação é [Veja Exercício 2.6]

$$y(x) = C_1 e^{2x} \cos 3x + C_2 e^{2x} \operatorname{sen} 3x$$

com C_1 e C_2 constantes arbitrárias.

Exercício 2.6. Sejam $p(x)$ e $q(x)$ funções contínuas no intervalo (a,b) e $y = \phi(x) = u(x) + iv(x)$ uma solução complexa de $y'' + py' + qy = 0$, onde u e v são funções reais. Mostre que $u(x)$ e $v(x)$ também são soluções da equação dada.

Resolução. Como $(u + iv)'' + p(u + iv)' + q(u + iv) = 0$ temos

$$(u'' + pu' + qu) + i(v'' + pv' + qv) = 0$$

de onde, igualando parte real com parte real e parte imaginária com parte imaginária temos

$$u'' + pu' + qu = 0 \quad \text{e} \quad v'' + pv' + qv = 0.$$

Exercício 2.7. Considere a equação diferencial não homogênea

$$y'' + p(x)y' + q(x)y = g(x). \tag{2.4}$$

Mostre que a diferença entre duas soluções quaisquer dessa equação é uma solução da respectiva equação diferencial homogênea associada

$$y'' + p(x)y' + q(x)y = 0. \tag{2.5}$$

Resolução. Sejam $u_1(x)$ e $u_2(x)$ soluções da equação (2.4). Então, $u_1'' + pu_1' + qu_1 = g$ e $u_2'' + pu_2' + qu_2 = g$ e, portanto, subtraindo uma da outra

$$(u_1 - u_2)'' + p(u_1 - u_2)' + q(u_1 - u_2) = 0$$

ou seja, $u_1 - u_2$ é solução da equação (2.5).

Exercício 2.8. Determinar a forma adequada para a solução particular de cada equação diferencial a seguir, se quisermos utilizar o método dos coeficientes a determinar (**Não** avalie as constantes).

    a) $y'' - 5y' + 6y = x^2$
    b) $y'' - 5y' + 6y = e^x \cos 2x + e^{2x}(3x+4)\operatorname{sen} x$
    c) $y'' - 2y' = x^3$
    d) $y'' + 3y' = 2x^4 + x^2 e^{-3x} + \operatorname{sen} 3x$
    e) $y'' - 4y' + 4y = x^3 e^{2x} + x e^{2x}$
    f) $y'' + 4y' + 13y = x e^{-2x} \operatorname{sen} 3x + e^{-2x}$

Resolução. a) A solução geral da equação homogênea associada é

$$y_h(x) = C_1 e^{2x} + C_2 e^{3x}$$

com C_1 e C_2 constantes. A forma adequada para $y_p(x)$ é:

$$y_p(x) = Ax^2 + Bx + C$$

com A, B e C constantes a serem determinadas.

b) Nesse caso, a forma adequada para $y_p(x)$ é

$$y_p(x) = A e^x \cos 2x + B e^x \operatorname{sen} 2x + (Cx + D) e^{2x} \cos x +$$
$$+ (Ex + F) e^{2x} \operatorname{sen} x$$

com A, B, C, D, E e F constantes a serem determinadas.

c) A solução da equação diferencial homogênea associada é $y_h(x) = C_1 + C_2 e^{2x}$. Então,

$$y_p(x) = (Ax^3 + Bx^2 + Cx + D)x$$

com A, B, C e D constantes a serem determinadas.

d) Como $y_h(x) = C_1 + C_2 e^{-3x}$ com C_1 e C_2 constantes arbitrárias, devemos ter

$$y_p(x) = x(Ax^4 + Bx^3 + Cx^2 + Dx + E) + x(Fx^2 + Gx + H) e^{-3x} +$$
$$+ I \operatorname{sen} 3x + J \cos 3x$$

com A, B, C, D, E, F, G, H, I e J constantes a serem determinadas.

EDO de segunda ordem 59

e) A solução da equação diferencial homogênea associada é
$y_h(x) = C_1 e^{2x} + C_2 x e^{2x}$ com C_1 e C_2 constantes arbitrárias.
Então,
$$y_p(x) = x^2(Ax^3 + Bx^2 + Cx + D) e^{2x}$$
com A, B, C e D constantes a serem determinadas.

f) A solução geral real da equação diferencial homogênea associada é
$$y_h(x) = C_1 e^{2x} \cos 3x + C_2 e^{2x} \operatorname{sen} 3x$$
com C_1 e C_2 constantes arbitrárias. Então,
$$y_p(x) = (Ax + B) e^{-2x} \operatorname{sen} 3x + (Cx + D) e^{-2x} \cos 3x + E e^{-2x}$$
com A, B, C, D e E constantes a serem determinadas.

Exercício 2.9. Resolver as equações de Euler, para $x > 0$,

a) $\quad x^2 y'' - 4xy' + 4y = 0,$
b) $\quad x^2 y'' + xy' + y = 0,$
c) $\quad x^2 y'' - 3xy' + 4y = 0.$

Resolução. Para equações de Euler as soluções têm a forma $y = x^r$ com r uma constante a ser determinada. Daí, calculando as derivadas, temos
$$y' = r x^{r-1} \quad \text{e} \quad y'' = r(r-1) x^{r-2}.$$

a) Substituindo y, y' e y'' na equação diferencial, temos
$$[r(r-1) - 4r + 4]x^r = 0.$$

Como $x^r \neq 0$ devemos ter $r^2 - 5r + 4 = 0$ cujas raízes são $r_1 = 1$ e $r_2 = 4$. Logo, a solução geral é

$$y(x) = C_1 x + C_2 x^4$$

com C_1 e C_2 constantes arbitrárias.

b) Analogamente, temos $r(r-1) + r + 1 = 0$ ou seja $r^2 = -1$. Uma solução complexa é x^i. Mas,

$$x^i = e^{i \ln x} = \cos(\ln x) + i \operatorname{sen}(\ln x).$$

Portanto uma solução geral real é

$$y(x) = C_1 \cos(\ln x) + C_2 \operatorname{sen}(\ln x)$$

com C_1 e C_2 constantes arbitrárias.

c) Temos $r(r-1) - 3r + 4 = 0$ de onde segue-se $r = 2$. A solução geral é

$$y(x) = C_1 x^2 + C_2 x^2 \ln x$$

com C_1 e C_2 constantes arbitrárias.

Exercício 2.10. Usando o método de variação dos parâmetros resolver a equação diferencial

$$y'' - 2y' + y = \frac{e^x}{x}$$

com $x > 0$.

EDO de segunda ordem

Resolução. A solução geral da equação diferencial homogênea associada é

$$y(x) = C_1 \,\mathrm{e}^x + C_2 \, x\,\mathrm{e}^x$$

onde C_1 e C_2 são constantes arbitrárias. Pelo método de variações dos parâmetros, a solução particular da equação não homogênea terá a forma

$$y(x) = u_1(x)\,\mathrm{e}^x + u_2(x)\, x\,\mathrm{e}^x$$

onde
$$\begin{cases} \mathrm{e}^x u_1' + x\,\mathrm{e}^x u_2' = 0 \\ \mathrm{e}^x u_1' + (x\,\mathrm{e}^x + \mathrm{e}^x)u_2' = \dfrac{\mathrm{e}^x}{x} \end{cases}$$

ou seja, simplificando, na seguinte forma

$$\begin{cases} u_1' + x\, u_2' = 0 \\ u_1' + (x+1)u_2' = \dfrac{1}{x}. \end{cases}$$

Utilizando a regra de Cramer para resolver o sistema, temos

$$u_1' = \dfrac{\begin{vmatrix} 0 & x \\ 1/x & x+1 \end{vmatrix}}{\begin{vmatrix} 1 & x \\ 1 & x+1 \end{vmatrix}} = -1 \quad \text{e} \quad \text{portanto} \quad u_1 = -x.$$

Analogamente, para u_2 temos

$$u_2' = \dfrac{\begin{vmatrix} 1 & 0 \\ 1 & 1/x \end{vmatrix}}{\begin{vmatrix} 1 & x \\ 1 & x+1 \end{vmatrix}} = \dfrac{1}{x} \quad \text{e} \quad \text{portanto} \quad u_2 = \ln x.$$

Então, $y_p(x) = -x\,\mathrm{e}^x + x\,\mathrm{e}^x \ln x$ e, finalmente,

$$y(x) = C_1\,\mathrm{e}^x + C_2\,x\,\mathrm{e}^x - x\,\mathrm{e}^x + x\,\mathrm{e}^x \ln x$$

ou ainda, na seguinte forma

$$y(x) = A\,\mathrm{e}^x + B\,x\,\mathrm{e}^x + x\,\mathrm{e}^x \ln x$$

onde $A = C_1$ e $B = C_2 - 1$ são constantes arbitrárias.

Exercício 2.11. a) Se $f(x) = x$, encontrar $g(x)$ tal que $g(1) = 6$ e $W(f,g) = x^2 - 4$ para todo $x \in \mathbb{R}$.

b) As funções $f(x)$ e $g(x)$ da parte (a) podem ser soluções de uma equação diferencial $y'' + p(x)y' + q(x)y = 0$ com $p(x)$ e $q(x)$ funções contínuas?

Resolução. a) A partir do Wronskiano

$$W(f,g) = \begin{vmatrix} x & g \\ 1 & g' \end{vmatrix}$$

temos $xg' - g = x^2 - 4$ ou seja $g' - \frac{1}{x}g = x - \frac{4}{x}$. Calculando

$$u(x) = \exp\left(-\int^x \frac{1}{t}\mathrm{d}t\right) = \frac{1}{x}$$

e multiplicando a equação diferencial por $u(x)$ temos

$$\frac{1}{x}g' - \frac{1}{x^2}g = 1 - \frac{4}{x^2}$$

e, então,

$$\left(\frac{1}{x}\cdot g\right)' = 1 - \frac{4}{x^2}$$

de onde obtemos

$$\frac{1}{x} \cdot g = x + \frac{4}{x} + C$$

ou ainda $g(x) = x^2 + 4 + Cx$ com C uma constante arbitrária. Como $g(1) = 6$ temos $C = 1$.

b) Se $f(x)$ e $g(x)$ fossem soluções de uma equação diferencial de segunda ordem com coeficientes contínuos em $\mathbb{R}$ então $W(f,g)$ não poderia se anular em nenhum ponto. Mas $W(f,g)$ se anula para $x = 2$ ou $x = -2$.

Exercício 2.12. Resolva o PVI

$$y'' = -2y' \tanh x; \quad y(0) = 1 \quad \text{e} \quad y'(0) = -3.$$

Resolução. Fazendo $v = y'$ temos $v' = y''$ e substituindo na equação diferencial obtemos $v' = -2v \tanh x$. Separando as variáveis, temos

$$\frac{dv}{v} = -2 \tanh x \, dx$$

cuja integração fornece $\ln|v| = -2\ln|\cosh x| + C_1$ com C_1 uma constante e fazendo $C_1 = \ln C_2$ obtemos

$$|v| = \frac{C_2}{\cosh^2 x}$$

logo

$$v = \frac{C_3}{\cosh^2 x}.$$

Como $v = y'$ e $y'(0) = -3$ temos $C_3 = -3$. Então,

$$v = \frac{-3}{\cosh^2 x}$$

ou seja, voltando na variável x, na forma

$$\frac{\mathrm{d}y}{\mathrm{d}x} = \frac{-3}{\cosh^2 x}.$$

Mais uma vez, separando as variáveis e integrando, obtemos

$$y(x) = -3\tanh x + C$$

onde C é uma constante arbitrária. Como $y(0) = 1$ temos $C = 1$ de onde segue-se, finalmente,

$$y(x) = -3\tanh x + 1$$

que é a solução do PVI.

Exercício 2.13. a) Resolva o PVI

$$4y'' - y = 0, \quad y(0) = 2 \quad \text{e} \quad y'(0) = a$$

com a uma constante. b) Determine o valor de a de modo que a solução tenda a zero quando $x \to +\infty$.

Resolução. a) A equação auxiliar, nesse caso, é $4r^2 - 1 = 0$ ou seja $r_1 = 1/2$ e $r_2 = -1/2$.

Logo, a solução geral da equação $4y'' - y = 0$ é

$$y(x) = C_1 \mathrm{e}^{x/2} + C_2 \mathrm{e}^{-x/2}$$

com C_1 e C_2 constantes. As condições iniciais dadas implicam $C_1 = 1 + a$ e $C_2 = 1 - a$. Portanto, a solução do PVI é

$$y(x) = (1+a)\,e^{x/2} + (1-a)\,e^{-x/2}.$$

b) Para que $\lim_{x \to +\infty} y(x) = 0$ devemos ter $a = -1$.

Exercício 2.14. Encontre a solução geral de

$$y'' + 4y' + 4y = 3\,e^x + x + \frac{e^{-2x}}{x^2}$$

para $x > 0$, com $y = y(x)$.

Resolução. A equação homogênea associada é $y'' + 4y' + 4y = 0$ cuja solução geral é

$$y(x) = C_1\,e^{-2x} + C_2 x\,e^{-2x}$$

com C_1 e C_2 constantes arbitrárias. Vamos usar o método dos coeficientes a determinar para encontrar uma solução particular para

$$y'' + 4y' + 4y = 3\,e^x + x.$$

Seja $y_p(x) = A\,e^x + Bx + C$ com A, B e C coeficientes a determinar. Temos $y_p' = A\,e^x + B$ e $y_p'' = A\,e^x$. Substituindo na equação obtemos

$$A\,e^x + 4A\,e^x + 4B + 4A\,e^x + 4Bx + 4C = 3\,e^x + x$$

de onde segue-se: $A = 1/3$, $B = 1/4$ e $C = -1/4$.

A fim de encontrar uma solução particular para

$$y'' + 4y' + 4y = \frac{e^{-2x}}{x^2}$$

vamos utilizar o método de variação de parâmetros. Então

$$y_p(x) = u_1(x)\,e^{-2x} + u_2(x)x\,e^{-2x}$$

onde

$$\begin{cases} e^{-2x}u_1' + x\,e^{-2x}u_2' = 0 \\ -2\,e^{-2x}u_1' + (-2x\,e^{-2x} + e^{-2x})u_2' = \dfrac{e^{-2x}}{x^2} \end{cases}$$

ou seja

$$\begin{cases} u_1' + xu_2' = 0 \\ -2u_1' + (1 - 2x)u_2' = \dfrac{1}{x^2}. \end{cases}$$

Então, utilizando a regra de Cramer

$$u_1' = \frac{\begin{vmatrix} 0 & x \\ 1/x^2 & 1-2x \end{vmatrix}}{\begin{vmatrix} 1 & x \\ -2 & 1-2x \end{vmatrix}} = \frac{-\frac{1}{x}}{1} \quad \Longrightarrow \quad u_1 = -\ln x$$

bem como

$$u_2' = \frac{\begin{vmatrix} 1 & 0 \\ -2 & 1/x^2 \end{vmatrix}}{\begin{vmatrix} 1 & x \\ -2 & 1-2x \end{vmatrix}} = \frac{1}{x^2} \quad \Longrightarrow \quad u_2 = -\frac{1}{x}.$$

Então, $y_p = -e^{-2x}\ln x - e^{-2x}$ e, finalmente, a solução geral da equação dada é:

$$y(x) = \underbrace{C_1\,e^{-2x} + C_2 x\,e^{-2x}}_{y_H} + \underbrace{\frac{1}{3}e^x + \frac{1}{4}x - \frac{1}{4}}_{y_{P_1}} - \underbrace{e^{-2x}\ln x - e^{-2x}}_{y_{P_2}}$$

com C_1 e C_2 constantes arbitrárias, onde y_H é a solução geral da equação homogênea e y_{P_1} e y_{P_2} são soluções particulares das respectivas equações não homogêneas.

Enfim, a solução geral da equação diferencial é dada por

$$y(x) = C_3\,\mathrm{e}^{-2x} + C_2 x\,\mathrm{e}^{-2x} + \frac{1}{3}\mathrm{e}^x + \frac{1}{4}x - \frac{1}{4} - \mathrm{e}^{-2x}\ln x$$

onde $C_3 = C_1 - 1$ é uma outra constante.

Exercício 2.15. Utilize o método de coeficientes a determinar para encontrar uma solução particular para

$$y'' + 4y = \mathrm{sen}^3 x.$$

Resolução. Vamos provar que $\mathrm{sen}^3 x = -\frac{1}{4}\mathrm{sen}\,3x + \frac{3}{4}\mathrm{sen}\,x$. Como $(\mathrm{e}^{ix})^3 = (\cos x + i\,\mathrm{sen}\,x)^3 = \mathrm{e}^{3ix} = \cos 3x + i\,\mathrm{sen}\,3x$ temos

$$\cos^3 x + 3i\cos^2 x\,\mathrm{sen}\,x - 3\cos x\,\mathrm{sen}^2 x - i\,\mathrm{sen}^3 x = \cos 3x + i\,\mathrm{sen}\,3x.$$

Daí, igualando parte real com parte real e parte imaginária com parte imaginária, temos

$$\begin{cases} \cos^3 x - 3\cos x\,\mathrm{sen}^2 x &= \cos 3x \\ 3\cos^2 x\,\mathrm{sen}\,x - \mathrm{sen}^3 x &= \mathrm{sen}\,3x \end{cases}$$

ou seja

$$\begin{cases} \cos^3 x - 3\cos x(1 - \cos^2 x) &= \cos 3x \\ 3(1 - \mathrm{sen}^2 x)\mathrm{sen}\,x - \mathrm{sen}^3 x &= \mathrm{sen}\,3x \end{cases}$$

e, então,

$$\begin{cases} \cos^3 x = \dfrac{1}{4}\cos 3x + \dfrac{3}{4}\cos x \\ \operatorname{sen}^3 x = -\dfrac{1}{4}\operatorname{sen} 3x + \dfrac{3}{4}\operatorname{sen} x. \end{cases}$$

Como a solução geral da equação diferencial $y'' + 4y = 0$ é $y(x) = C_1 \cos 2x + C_2 \operatorname{sen} 2x$ com C_1 e C_2 constantes, buscamos a solução particular da equação dada na forma

$$y_p(x) = A \operatorname{sen} 3x + B \operatorname{sen} x$$

onde A e B devem ser determinados. [Por que não é necessário colocar os termos $\cos 3x$ e $\cos x$?]

Então, $y_p' = 3A \cos 3x + B \cos x$ e $y_p'' = -9A \operatorname{sen} 3x - B \operatorname{sen} x$ e substituindo na equação diferencial obtemos

$$-9A \operatorname{sen} 3x - B \operatorname{sen} x + 4A \operatorname{sen} 3x + 4B \operatorname{sen} x = -\dfrac{1}{4}\operatorname{sen} 3x + \dfrac{3}{4}\operatorname{sen} x$$

e, portanto, $A = 1/20$ e $B = 1/4$.

Enfim, uma solução particular é dada por

$$y_p(x) = \dfrac{1}{20}\operatorname{sen} 3x + \dfrac{1}{4}\operatorname{sen} x.$$

Exercício 2.16. Resolva o PVI composto pela equação $xy''' = 2$, $x > 0$, $y = y(x)$ e condições $y(1) = 1$, $y'(1) = 1$ e $y''(1) = 3$.

Resolução. Seja a mudança de variável $y'' = z$ de onde obtemos uma equação diferencial separável

$$\dfrac{dz}{dx} = \dfrac{2}{x}$$

com solução $z = 2\ln|x| + C_1$ onde C_1 é uma constante arbitrária. Seja, agora $y' = w$ logo

$$\frac{dw}{dx} = 2\ln x + C_1$$

que também é separável com solução dada por

$$w(x) = 2x\ln x + C_1 x + C_2$$

onde C_2 é outra constante arbitrária. Enfim, integrando a anterior podemos escrever

$$y(x) = 2\left[x^2\left(\frac{\ln x}{2} - \frac{1}{4}\right)\right] + C_1\frac{x^2}{2} + C_2 x + C_3$$

com C_3 outra constante arbitrária. A fim de determinarmos as constantes, utilizamos as condições dadas, de onde segue-se $C_1 = 1$, $C_2 = 0$ e $C_3 = 1$ e, portanto, a solução do PVI é dada portanto

$$y(x) = 1 + x^2 \ln x.$$

Exercício 2.17. Resolva a equação diferencial $2x^2 y'' + 3xy' - y = 0$ com $y = y(x)$ e $x > 0$.

Resolução. Esta é uma equação diferencial tipo Euler. Vamos procurar as soluções na forma $y = x^\lambda$ onde λ deve ser determinado. Calculando as derivadas e substituindo na equação, podemos escrever a seguinte equação algébrica

$$2\lambda^2 + \lambda - 1 = 0$$

cujas raízes são $\lambda_1 = 1/2$ e $\lambda_2 = -1$. Logo, uma solução geral da equação diferencial é dada por

$$y(x) = C_1\sqrt{x} + C_2 x^{-1}$$

com C_1 e C_2 constantes arbitrárias.

Exercício 2.18. Utilize o método de variação de parâmetros para determinar uma solução particular da equação diferencial

$$y'' - 4y = -x^2 + 2x - 3.$$

Resolução. A solução geral da equação homogênea é

$$y(x) = A\,\mathrm{e}^{2x} + B\,\mathrm{e}^{-2x}$$

com A e B constantes arbitrárias. Consideremos, agora, $A = A(x)$ e $B = B(x)$ a serem determinados de modo que

$$y_P(x) = A(x)\,\mathrm{e}^{2x} + B(x)\,\mathrm{e}^{-2x}$$

seja uma solução particular da equação diferencial não homogênea. Derivando em relação a x temos

$$y'_P(x) = A'\,\mathrm{e}^{2x} + 2A\,\mathrm{e}^{2x} + B'\,\mathrm{e}^{-2x} - 2B\,\mathrm{e}^{-2x}.$$

Visto que devemos calcular a derivada segunda, comecemos por impor a seguinte condição

$$A'\,\mathrm{e}^{2x} + B'\,\mathrm{e}^{-2x} = 0. \qquad (2.6)$$

EDO de segunda ordem

Derivando y_P', sujeita à condição (2.6), em relação à variável x e substituindo na equação não homogênea temos

$$2A'\,e^{2x} + 4A\,e^{2x} - 2B'\,e^{-2x} + 4B\,e^{-2x} - 4A\,e^{2x} - 4B\,e^{-2x} =$$
$$= -x^2 + 2x - 3$$

o que nos leva a

$$2A'\,e^{2x} - 2B'\,e^{-2x} = -x^2 + 2x - 3. \tag{2.7}$$

As equações (2.6) e (2.7) nos conduzem a um sistema de equações nas variáveis A' e B' com solução dada por

$$2A'\,e^{2x} = \frac{1}{2}(-x^2 + 2x - 3) \quad \text{e} \quad 2B'\,e^{-2x} = \frac{1}{2}(x^2 - 2x + 3).$$

Integrando obtemos, respectivamente,

$$A(x) = e^{-2x}\left(\frac{x^2}{8} - \frac{x}{8} + \frac{5}{16}\right) \quad \text{e} \quad B(x) = e^{2x}\left(\frac{x^2}{8} - \frac{3x}{8} + \frac{9}{16}\right).$$

Voltando com essas duas últimas expressões, para $A(x)$ e $B(x)$, na solução $y_P(x)$ obtemos

$$y_P(x) = \frac{x^2}{4} - \frac{x}{2} + \frac{7}{8}$$

que é uma solução particular da equação diferencial. Neste particular caso, é mais simples utilizar o método de coeficientes a determinar (Verifique!).

Exercício 2.19. Considere a equação diferencial ordinária associada a um circuito RLC em série

$$L\frac{\mathrm{d}^2}{\mathrm{d}t^2}Q(t) + R\frac{\mathrm{d}}{\mathrm{d}t}Q(t) + \frac{1}{C}Q(t) = E_0\cos\omega t$$

para $t > 0$, com R, L, C e E_0 constantes positivas com a respectiva unidade de medida. Imponha que a constante ω satisfaça a relação $\omega^2 LC = 1$. Determine a solução geral dessa equação diferencial no caso em que $R = 2L = 2C = 2$.

Resolução. Primeiramente, vamos obter a solução geral da equação homogênea associada. Visto que os coeficientes são constantes, procuramos uma solução na forma

$$Q_H(t) = e^{\lambda t}$$

onde λ deve ser determinado. Calculando as derivadas, substituindo na equação com os respectivos valores das constantes obtemos $\lambda = -1$, isto é, uma solução é tal que

$$Q_1(t) = e^{-t}.$$

Logo, como as raízes da equação auxiliar são iguais, a solução geral da equação homogênea associada é

$$Q_H(t) = (C_1 + C_2 t) e^{-t}$$

com C_1 e C_2 constantes arbitrárias.

Para determinar uma solução particular da equação diferencial não homogênea, vamos utilizar o método de coeficientes a determinar, isto é, admitimos a solução na forma

$$Q_P(t) = A \cos \omega t + B \operatorname{sen} \omega t$$

onde A e B devem ser determinados. Calculando as derivadas e substituindo na equação diferencial não homogênea

EDO de segunda ordem

obtemos,

$$A = \frac{1-\omega^2}{\omega^4 + 2\omega^2 + 1} E_0 \quad \text{e} \quad B = \frac{2\omega}{\omega^4 + 2\omega^2 + 1} E_0.$$

Visto que $\omega = 1$, obtemos $B = E_0/2$ e $A = 0$ de onde segue-se para a solução particular

$$Q_P(t) = \frac{E_0}{2} \operatorname{sen} t$$

enquanto que a solução geral é dada por

$$Q(t) = (C_1 + C_2 t)\, e^{-t} + \frac{E_0}{2} \operatorname{sen} t$$

com C_1 e C_2 constantes arbitrárias.

Exercício 2.20. Seja $-1 < x < 1$. Sabendo que $y_1(x) = x$ é uma solução da equação diferencial

$$(1-x^2)\frac{d^2}{dx^2}y(x) - 2x\frac{d}{dx}y(x) + 2y(x) = 0$$

obtenha a outra solução linearmente independente. Calcule o Wronskiano.

Resolução. Vamos utilizar o método de redução de ordem. Seja $y = vx$, onde v deve ser determinado impondo que y satisfaça a equação diferencial. Calculando as derivadas, substituindo na equação e rearranjando, podemos escrever

$$x(1-x^2)v'' + 2(1-2x^2)v' = 0$$

que é uma equação redutível. Introduzindo a mudança $v' = w$ obtemos uma equação diferencial de primeira ordem e separável, isto é,
$$\frac{dw}{w} = -\frac{2(1-2x^2)}{x(1-x^2)}dx.$$
Utilizando frações parciais temos, já integrando,
$$\ln|w| = -2\ln|x| - \ln(1-x) - \ln(1+x) = -\ln[x^2(1-x^2)]$$
de onde segue-se uma nova equação de primeira ordem para v, isto é, consideramos apenas o caso $w > 0$ (o tratamento é análogo para $w < 0$)
$$\frac{dv}{dx} = \frac{1}{x^2(1-x^2)}.$$
Novamente, utilizando frações parciais podemos escrever
$$\frac{dv}{dx} = \frac{1}{x^2} + \frac{1/2}{1-x} + \frac{1/2}{1+x}$$
cuja integração fornece
$$v = -\frac{1}{x} + \frac{1}{2}\ln\left(\frac{1+x}{1-x}\right).$$
Voltando na expressão $y_2(x) = v(x)x$ obtemos para a segunda solução linearmente independente
$$y_2(x) = -1 + \frac{x}{2}\ln\left(\frac{1+x}{1-x}\right).$$
Para calcularmos o wronskiano, devemos calcular o determinante
$$W = \begin{vmatrix} y_1(x) & y_2(x) \\ y_1'(x) & y_2'(x) \end{vmatrix}$$

EDO de segunda ordem

onde $y_1(x) = x$ e $y_2(x) = -1 + \frac{x}{2}\ln\left(\frac{1+x}{1-x}\right)$. Calculando as derivadas e o determinante obtemos

$$W = \ln\left(\frac{1+x}{1-x}\right) + \frac{x^2}{2}\frac{2}{1-x^2} + 1 - \ln\left(\frac{1+x}{1-x}\right)$$

ou ainda, simplificando, na forma final,

$$W = \frac{1}{1-x^2}.$$

Exercício 2.21. Obtenha uma solução particular para a equação

$$\frac{d^2}{dx^2}y(x) + y(x) = -\cot x.$$

Resolução. A solução geral da equação homogênea é

$$y_H(x) = A\operatorname{sen} x + B\cos x$$

onde A e B são constantes arbitrárias. Vamos utilizar o método de variação de parâmetros para determinar uma solução particular. Vamos procurá-la na forma

$$y_P(x) = A(x)\operatorname{sen} x + B(x)\cos x$$

onde $A(x)$ e $B(x)$ devem ser determinados impondo que $y_P(x)$ satisfaça a equação diferencial não homogênea. Calculando as derivadas, inserindo na equação diferencial, obtemos o seguinte sistema linear nas variáveis $A'(x)$ e $B'(x)$

$$\begin{cases} A'\operatorname{sen} x + B'\cos x = 0 \\ A'\cos x - B'\operatorname{sen} x = -\cot x. \end{cases}$$

Utilizando a regra de Cramer para resolver o sistema temos,

$$A' = \operatorname{sen} x - \frac{1}{\operatorname{sen} x} \quad \text{e} \quad B' = \cos x$$

que, após a integração fornece, respectivamente,

$$A = -\cos x - \ln[\tan(x/2)] \quad \text{e} \quad B = \operatorname{sen} x.$$

Voltando com estes valores na expressão para $y_P(x)$ e rearranjando, podemos escrever

$$y_P(x) = -\operatorname{sen} x \ln[\tan(x/2)]$$

que é a solução desejada.

Exercício 2.22. (a) Mostre que a solução geral da equação diferencial ordinária de segunda ordem

$$\frac{d^2}{dx^2} y(x) = -f(x) \quad \text{para} \quad -\infty < x < \infty$$

pode ser escrita na forma

$$y(x) = C_1 + C_2 x + \int_0^x (\xi - x) f(\xi) d\xi$$

onde C_1 e C_2 são constantes arbitrárias. (b) Suponha, agora, que $y(x)$ além de satisfazer a equação diferencial, satisfaça as condições de contorno $y(0) = 0$ e $y(1) = 0$ a fim de mostrar que as constantes são tais que

$$C_1 = 0 \quad \text{e} \quad C_1 = \int_0^1 (1-\xi) f(\xi) d\xi.$$

EDO de segunda ordem

Substitua C_1 e C_2 obtidas no item anterior, na solução geral do item (a) a fim de obter a solução na forma

$$y(x) = \int_0^1 \mathscr{G}(x|\xi) f(\xi) \mathrm{d}\xi$$

em que $\mathscr{G}(x|\xi)$ é uma função que depende de duas variáveis porém não depende do segundo membro da equação diferencial e é conhecida pelo nome de função de Green. (d) Obtenha a forma explícita da função de Green.

Resolução. (a) A solução geral da equação diferencial homogênea associada é $y_H(x) = A + Bx$ com A e B constantes arbitrárias. Utilizando o método de variação de parâmetros, vamos procurar uma solução particular da equação diferencial não homogênea na forma

$$y_P(x) = A(x) + B(x)\,x$$

onde $A(x)$ e $B(x)$ devem ser determinadas. Calculando as derivadas e substituindo na equação diferencial não homogênea obtemos o seguinte sistema nas variáveis A' e B'

$$\begin{cases} A' + B'x = 0 \\ B' = -f \end{cases}$$

cuja integração fornece

$$A(x) = \int_0^x \xi f(\xi) \mathrm{d}\xi \quad \text{e} \quad B(x) = -\int_0^x f(\xi) \mathrm{d}\xi.$$

Voltando com esses valores na solução $y_P(x)$ e rearranjando obtemos

$$y(x) = C_1 + C_2 x + \int_0^x (\xi - x) f(\xi) \mathrm{d}\xi$$

onde C_1 e C_2 são constantes arbitrárias, que é o resultado desejado. (b) Substituindo $y(0) = 0$ na solução anterior, obtemos $C_1 = 0$ enquanto que a outra condição, $y(1) = 0$ fornece

$$C_2 = \int_0^1 (1-\xi)f(\xi)\mathrm{d}\xi.$$

(c) Substituindo C_1 e C_2 na solução obtida no item (a) temos

$$y(x) = x\int_0^1 (1-\xi)f(\xi)\mathrm{d}\xi + \int_0^x (\xi - x)f(\xi)\mathrm{d}\xi$$

ou ainda, na seguinte forma

$$\begin{aligned} y(x) &= \int_0^x \xi(1-x)f(\xi)\mathrm{d}\xi + \int_x^1 x(1-\xi)f(\xi)\mathrm{d}\xi \\ &\equiv \int_0^1 \mathscr{G}(x|\xi)f(\xi)\mathrm{d}\xi \end{aligned}$$

sendo a forma explícita da função de Green dada por

$$\mathscr{G}(x|\xi) = \begin{cases} \xi(1-x) & \text{para} \quad 0 \leq \xi < x \\ x(1-\xi) & \text{para} \quad x < \xi \leq 1. \end{cases}$$

Exercício 2.23. Considere a seguinte equação diferencial

$$x^2\frac{\mathrm{d}^2}{\mathrm{d}x^2}y(x) + Ax\frac{\mathrm{d}}{\mathrm{d}x}y(x) + By(x) = -f(x)$$

com A e B constantes. (a) Obtenha A e B de modo que $y_1(x) = \alpha x$ e $y_2(x) = \beta x^2$, com α e β constantes, sejam soluções da equação diferencial homogênea associada. (b) Utilize o item anterior e as condições $y(-1) = 0 = y(1)$ para mostrar

EDO de segunda ordem 79

que o problema homogêneo tem somente solução trivial. (c) Obtenha a função de Green associada a esse problema. (d) Utilize o item anterior para resolver o problema não homogêneo no caso em que $f(x) = 2x^5$.

Resolução. (a) Visto que a equação diferencial é do tipo Euler vamos procurar soluções do tipo $y(x) = x^\lambda$ onde λ deve ser determinado. Calculando as derivadas e inserindo na equação diferencial homogênea, obtemos $\lambda^2 - (1-A)\lambda + B = 0$. Uma vez que queremos $\lambda = 1$ e $\lambda = 2$ temos $A = -2$ e $B = 2$.

(b) A partir do item anterior, podemos escrever a solução geral da equação de Euler na forma

$$y(x) = \alpha x + \beta x^2.$$

Impondo as condições de contorno $y(-1) = 0 = y(1)$ obtemos $\alpha = 0 = \beta$ isto é, somente a solução trivial.

(c) As duas soluções linearmente independentes da equação diferencial homogênea são $y_1(x) = x + x^2$ e $y_2(x) = x - x^2$ cujo wronskiano é $W = -2x^2$, com $x \neq 0$. Vamos escrever a equação diferencial na forma de Sturm-Liouville, isto é, na seguinte forma

$$\frac{d}{dx}\left[x^{-2}\frac{d}{dx}y(x)\right] + \frac{2}{x^4}y(x) = -\frac{f(x)}{x^4}.$$

Visto que o produto $W \cdot x^{-2} = -2$ é uma constante, podemos escrever para a função de Green

$$\mathscr{G}(x|\xi) = \frac{1}{2}\begin{cases} x\xi(1+x)(1-\xi) & \text{para } -1 \leq x < \xi \\ x\xi(1-x)(1+\xi) & \text{para } \xi < x \leq 1. \end{cases}$$

(d) Sabemos que a solução da equação diferencial, satisfazendo as condições de contorno, pode ser escrita na forma

$$y(x) = \int_{-1}^{1} \mathscr{G}(x|\xi)F(\xi)d\xi$$

onde $F(x) = -2x^5/x^4$ logo, separando em dois intervalos, podemos escrever

$$y(x) = x(1-x)\int_{-1}^{x}(\xi^2+\xi^3)d\xi + x(1+x)\int_{x}^{1}(\xi^2-\xi^3)d\xi.$$

Efetuando as integrais obtemos a solução desejada,

$$y(x) = \frac{x}{6}(1-x^4).$$

Exercício 2.24. Introduza a mudança de variável

$$-v(x) = \frac{1}{y(x)}\frac{\mathrm{d}}{\mathrm{d}x}y(x)$$

na equação diferencial

$$x^2\frac{\mathrm{d}^2}{\mathrm{d}x^2}y(x) + 2x\frac{\mathrm{d}}{\mathrm{d}x}y(x) - 2y(x) = 0$$

a fim de obter uma equação diferencial de primeira ordem. (a) Resolva a equação de primeira ordem e (b) obtenha uma solução da equação de segunda ordem.

Resolução. (a) Calculando as derivadas e substituindo na equação diferencial de segunda ordem obtemos

$$-x^2v'y + x^2v^2y - 2xvy - 2y = 0$$

EDO de segunda ordem

ou ainda, isolando v', na forma

$$v' = v^2 - \frac{2}{x}v - \frac{2}{x^2}$$

que é uma equação diferencial de Riccati. Visto que, por inspeção, $v = -1/x$ é solução dessa equação de Riccati, vamos procurar a solução geral na forma

$$v = -\frac{1}{x} + \frac{1}{w}$$

onde w deve ser determinada. Calculando as derivadas e substituindo na equação de Riccati, podemos escrever a equação separável

$$\frac{dw}{dx} = \frac{4}{x}w - 1$$

cuja integração da equação homogênea associada resulta em $w = Cx^4$, onde C é uma constante. Uma solução particular da respectiva equação não homogênea é $w_P = x/3$. Enfim, voltando na variável v obtemos

$$v(x) = -\frac{1}{x} + \frac{1}{\frac{x}{3} + Cx^4}.$$

(b) Por inspeção $y(x) = x$ é uma solução da equação de segunda ordem.

Exercício 2.25. Considere a equação $xy'' - (x+1)y' + y = 0$, $x > 0$. Sabendo que $y_1(x) = e^x$ é uma solução particular dessa equação, encontre uma segunda solução linearmente independente com $y_1(x)$ usando o método de redução de ordem e, consequentemente a solução geral.

Resolução. Considere $y(x) = v(x)y_1(x) = v(x)\,\mathrm{e}^x$. Então

$$y' = v\,\mathrm{e}^x + \mathrm{e}^x v' \quad \text{e} \quad y'' = \mathrm{e}^x v'' + 2\mathrm{e}^x v' + v\mathrm{e}^x.$$

Substituindo na equação temos

$$x\mathrm{e}^x v'' + 2x\mathrm{e}^x v' + xv\mathrm{e}^x - (x+1)(v\mathrm{e}^x + \mathrm{e}^x v') + v\mathrm{e}^x = 0$$

ou simplificando $xv'' + (x-1)v' = 0$. Fazendo $z = v'$ temos $xz' + (x-1)z = 0$ ou ainda

$$z' + \left(1 - \frac{1}{x}\right)z = 0.$$

Um fator integrante para a equação é $u(x) = \dfrac{\mathrm{e}^x}{x}$ (Verifique!). Então, multiplicando a equação diferencial pelo fator integrante, podemos escrever

$$\left(\frac{\mathrm{e}^x}{x}z\right)' = 0$$

e daí $\dfrac{\mathrm{e}^x}{x}z = C_1$ ou ainda, $z = C_1\,x\,\mathrm{e}^{-x}$ com C_1 uma constante. Como $z = v'$ temos

$$v = \int C_1\,x\,\mathrm{e}^{-x}\,\mathrm{d}x = C_1(-x\mathrm{e}^{-x} - \mathrm{e}^{-x}) + C_2$$

com C_2 uma outra constante.

Voltando obtemos uma segunda solução linearmente independente da equação diferencial $y_2(x) = x + 1$. Enfim, a solução geral da equação diferencial é dada por

$$y(x) = A(x+1) + B\mathrm{e}^x$$

com A e B constantes.

Exercício 2.26. Determine o valor de C para o qual a solução do PVI $y'' - y' = e^{-x}$, $y(0) = 1$, $y'(0) = C$ permanece finita quando $x \to +\infty$.

Resolução. Resolvendo a equação diferencial homogênea associada, $y'' - y' = 0$ temos, como equação auxiliar $r^2 - r = 0$ cujas raízes são $r_1 = 0$ e $r_2 = 1$. Então,

$$y_H(x) = C_1 + C_2 e^x$$

com C_1 e C_2 constantes. Vamos encontrar uma solução particular para a equação não homogênea usando coeficientes a determinar. Então $y_P(x) = Ae^{-x}$. Daí $y_P'(x) = -Ae^{-x}$ e $y_P''(x) = Ae^{-x}$. Substituindo na equação diferencial temos $Ae^{-x} + Ae^{-x} = e^{-x}$ e $A = 1/2$

Portanto
$$y(x) = C_1 + C_2 e^x + \frac{1}{2} e^{-x}$$

com C_1 e C_2 constantes é a solução geral da equação dada. Como $y(0) = 1$ e $y'(0) = C$ temos $C_1 = -C$ e $C_2 = C + 1/2$. Para que

$$y(x) = -C + \left(C + \frac{1}{2}\right) e^x + \frac{1}{2} e^{-x}$$

permaneça finita quando $x \to \infty$ devemos ter $C = -\frac{1}{2}$.

Exercício 2.27. Verdadeiro ou Falso? Justifique. a) Se $y_1(x)$ e $y_2(x)$ são soluções distintas de $y'' + 7y' + 12y = g(x)$ então

$$\lim_{x \to \infty} [y_1(x) - y_2(x)] \neq 0.$$

b) Se $p(x)$ e $q(x)$ são funções contínuas, $\phi(x)$ é uma função tangente ao eixo x em x_0 e $\phi''(x) + p(x)\phi'(x) + q(x)\phi(x) = 0$ para todo $x \in \mathbb{R}$ então $\phi(x) = 0$.

Resolução. a) Como a solução de $y'' + 7y' + 12y = 0$ é

$$y(x) = C_1 e^{-3x} + C_2 e^{-4x}$$

com C_1 e C_2 constantes, e a diferença entre duas soluções quaisquer da equação não homogênea é sempre uma solução da homogênea associada temos

$$\lim_{x \to \infty} [y_1(x) - y_2(x)] = \lim_{x \to \infty} \left(C_1 e^{-3x} + C_2 e^{-4x} \right) = 0$$

de onde segue-se que a afirmação é falsa.

b) Como ϕ é uma solução do PVI $y'' + py' + qy = 0$, $y(x_0) = 0$ e $y'(x_0) = 0$ e $y \equiv 0$ também é solução desse problema temos $\phi \equiv 0$. A afirmação é verdadeira.

Utilizamos o seguinte resultado: *Considere o problema de valor inicial, composto pela equação diferencial*

$$y''(x) + p(x)y'(x) + q(x)y(x) = g(x)$$

satisfazendo as condições $y(x_0) = a$ e $y'(x_0) = b$ onde as funções $p(x)$, $q(x)$ e $g(x)$ são contínuas em algum intervalo aberto I. Então, existe exatamente uma solução $y = \phi(x)$ desse problema no intervalo I.

EDO de segunda ordem

Exercício 2.28. Considere a equação diferencial

$$(1-x)y'' + xy' - y = e^x(1-x)^2 \quad \text{para} \quad x > 1.$$

a) Mostre que $\{x, e^x\}$ é um conjunto fundamental de soluções para a equação homogênea associada.

b) Encontre a solução geral da equação dada.

Resolução. a) É fácil verificar que $y_1(x) = x$ e $y_2(x) = e^x$ são soluções da equação homogênea $(1-x)y'' + xy' - y = 0$. Como

$$W[y_1(x), y_2(x)] = \begin{vmatrix} x & e^x \\ 1 & e^x \end{vmatrix} = (x-1)e^x \neq 0$$

se $x > 1$ temos que $\{x, e^x\}$ é um conjunto fundamental de soluções.

b) Vamos procurar uma solução particular para a equação diferencial não homogênea, dada na forma

$$y_P(x) = xu_1(x) + e^x u_2(x)$$

onde $u_1(x)$ e $u_2(x)$ deve ser determinadas. Então $u_1'(x)$ e $u_2'(x)$ devem satisfazer

$$\begin{cases} xu_1'(x) + e^x u_2'(x) &= 0 \\ u_1'(x) + e^x u_2'(x) &= e^x(1-x). \end{cases}$$

Resolvendo por Cramer obtemos

$$u_1'(x) = \frac{\begin{vmatrix} 0 & e^x \\ e^x(1-x) & e^x \end{vmatrix}}{e^x(x-1)} = e^x \quad \Longrightarrow \quad u_1(x) = e^x$$

e

$$u_2'(x) = \frac{\begin{vmatrix} x & 0 \\ 1 & e^x(x-1) \end{vmatrix}}{e^x(x-1)} = -x \quad \Longrightarrow \quad u_2(x) = -\frac{x^2}{2}$$

de onde podemos escrever

$$y_P(x) = xe^x - \frac{x^2}{2}e^x$$

e, então, a solução geral é dada por

$$y(x) = C_1 x + C_2 e^x + e^x\left(x - \frac{x^2}{2}\right)$$

com C_1 e C_2 constantes.

Exercício 2.29. Considere a equação diferencial não homogênea

$$x(1-x)y'' + xy' - y = 4x(1-x)^2 \quad \text{para} \quad x > 0.$$

a) Determine por inspeção uma solução da respectiva equação homogênea. b) Utilize redução de ordem para obter uma segunda solução linearmente independente da equação homogênea. c) Utilize variação de parâmetros a fim de obter uma solução particular da equação não homogênea. d) Resolva o problema constituído da equação diferencial satisfazendo as condições $y(1) = 0$ e $y(2) = -2$.

Resolução. a) Por inspeção $y_1(x) = x$ é solução. b) A fim de procurarmos a segunda solução utilizamos redução de ordem, isto é, impomos que $y_2(x) = xv(x)$ satisfaz a equação diferencial homogênea. Daí, $v(x)$ satisfaz a equação

$$x(1-x)v'' + (2-x)v' = 0$$

EDO de segunda ordem

com solução dada por

$$v(x) = -\frac{1}{x} - \ln x$$

de onde concluímos que a segunda solução da equação dada é

$$y_2(x) = -1 - x\ln x.$$

c) Para determinarmos uma solução particular da equação diferencial não homogênea, fazemos uso do método de variação de parâmetros, ou seja, procuramos $A = A(x)$ e $B = B(x)$ de modo que

$$y_P(x) = A \cdot x - B \cdot (1 + x\ln x)$$

satisfaça a equação não homogênea. Calculando as derivadas, substituindo na equação obtemos o sistema linear nas variáveis A' e B'

$$\begin{cases} A'x - B'(1 + x\ln x) = 0 \\ A' - B'(1 + \ln x) = 4(1-x) \end{cases}$$

com solução dada por

$$A' = 4 + 4x\ln x \quad \text{e} \quad B' = 4x$$

cuja integração fornece, respectivamente,

$$A(x) = 4x + 2x^2 \ln x - x^2 \quad \text{e} \quad B(x) = 2x^2.$$

Voltando com estes dois valores na solução particular obtemos

$$y_P(x) = 2x^2 - x^3.$$

d) Utilizando os itens anteriores, podemos escrever a solução geral da equação diferencial não homogênea

$$y(x) = C_1 x - C_2(1 + x\ln x) + 2x^2 - x^3$$

com C_1 e C_2 constantes arbitrárias. Utilizando as condições $y(1) = 0$ e $y(2) = -2$, obtemos as constantes de modo que a solução do problema é dada por

$$y(x) = -x(1-x)^2.$$

Exercício 2.30. Resolva a equação diferencial

$$(1+x^2)\frac{d^2}{dx^2}y(x) - 2x\frac{d}{dx}y(x) = x^4 + 2x^2 + 1$$

usando o fato que $y(x) = 1$ é uma solução da equação diferencial homogênea associada.

Resolução. Comecemos por determinar a segunda solução linearmente independente da respectiva equação diferencial homogênea. Para tal, introduzimos a mudança de variável dependente $y'(x) = v(x)$ que substituída na equação fornece

$$(1+x^2)\frac{d}{dx}v(x) - 2xv(x) = 0$$

que é uma equação separável cuja solução é $v(x) = C(1+x^2)$ onde C é uma constante. Voltando na variável $y(x)$ obtemos

$$y(x) = C\left(x + \frac{x^3}{3}\right) + D$$

onde D é outra constante.

Sendo $y_1(x) = 1$ e $y_2(x) = x + \frac{x^3}{3}$ duas soluções linearmente independentes da equação homogênea, vamos procurar uma solução particular da respectiva equação diferencial não homogênea na forma

$$y_P(x) = A(x) + B(x)\left(x + \frac{x^3}{3}\right)$$

em que $A(x)$ e $B(x)$ devem ser determinados a fim de que $y_P(x)$ seja solução da equação diferencial não homogênea. Derivando e impondo a condição livre, isto é,

$$A' + B'\left(x + \frac{x^3}{3}\right) = 0$$

obtemos $y'_P(x) = B(1 + x^2)$. Derivando novamente e substituindo na equação não homogênea obtemos

$$(1 + x^2)[B'(1 + x^2) + 2Bx] - 2xB(1 + x^2) = (1 + x^2)^2$$

de onde se segue $B' = 1$ ou ainda $B(x) = x$. Voltando na condição livre obtemos $12A(x) = -6x^2 - x^4$. Substituindo os valores de $A(x)$ e $B(x)$ na expressão para $y_P(x)$ obtemos

$$y_P(x) = \frac{1}{4}(2x^2 + x^4)$$

Enfim, combinando as soluções encontradas, a solução geral da equação não homogênea é

$$y(x) = A + B\left(x + \frac{x^3}{3}\right) + \frac{x^2}{2} + \frac{x^4}{4}$$

com A e B constantes arbitrárias.

Exercício 2.31. Considere a seguinte equação diferencial

$$\frac{\mathrm{d}^2}{\mathrm{d}x^2}y(x) - w^2 y(x) = 0$$

com w^2 uma constante positiva. a) Introduza a mudança de variável $u = y'/y$ a fim de obter uma equação de primeira ordem. Classifique esta equação. b) Utilizando o item anterior, resolva a equação de segunda ordem.

Resolução. a) Calculando a derivada segunda

$$y'' = u^2 y + y u'$$

e substituindo na equação podemos escrever

$$u' + u^2 - w^2 = 0$$

que é uma equação diferencial de primeira ordem não linear e conhecida pelo nome de equação de Riccati.

b) A fim de resolver a equação de Riccati, vamos introduzir a seguinte mudança de variável dependente

$$u = w + \frac{1}{v}$$

uma vez que por inspeção, $u = w$ é solução, de onde se segue

$$v' - 2wv = 1.$$

A solução da respectiva equação diferencial homogênea é dada por $v_H(x) = C\,\mathrm{e}^{2wx}$ onde C é uma constante, enquanto que uma solução particular da equação diferencial não homogênea é $v_P(x) = -1/2w$.

Voltando na equação na variável $y(x)$ temos que

$$y(x) = A\,\mathrm{senh}\,wx + B\cosh wx$$

com A e B constantes, que é a solução geral da equação.

Exercício 2.32. Uma massa $m = 250$ g, suspensa por uma mola, distende-a de ℓ_0 do seu comprimento inicial. A massa inicia o movimento a partir de sua posição de equilíbrio com uma velocidade $v_0 = \dot{x}(0) = 2$ m/s no sentido "para baixo" onde $x(0)$ é o deslocamento inicial e $\dot{x}(t)$ denota a velocidade, isto é, a derivada de $x(t)$, o deslocamento, em relação ao tempo t. Admita que não há forças externas e que a resistência do ar é proporcional à velocidade da massa.

a) Escreva a equação diferencial ordinária que descreve essa situação, ou seja, escreva a equação diferencial para o deslocamento $x(t)$. b) Obtenha a solução geral dessa equação diferencial ordinária. c) Resolva o PVI composto por essa equação e as condições iniciais $x(0) = 0$ e $\dot{x}(0) = 2$ m/s. d) Mostre que o movimento é transitório.

Resolução. a) A força, chamada restauradora, pela lei de Hooke, é $f_1 = -kx$ com $k > 0$ enquanto que $f_2 = -\mu\dot{x}$, com $\mu > 0$, é a força devido à resistência do ar. Logo, utilizando a segunda lei de Newton, obtemos a equação diferencial ordinária, linear, homogênea (não temos forças externas), de segunda ordem e com coeficientes constantes

$$m\ddot{x} = -\mu\dot{x} - kx$$

com $x = x(t)$.

b) Para efeito de contas, vamos admitir para as constantes de proporcionalidade $\mu = 1$ kg/s e $k = 5/4$ N/m de onde se segue a equação diferencial ordinária

$$\ddot{x} + 4\dot{x} + 5x = 0$$

com $x = x(t)$. A solução geral dessa equação diferencial é procurada através da equação auxiliar $r^2 + 4r + 5 = 0$ cujas soluções são $r_1 = -2 + i$ e $r_2 = -2 - i$. Logo, a solução geral da equação diferencial é dada por

$$x(t) = e^{-2t}(C_1 \cos t + C_2 \operatorname{sen} t)$$

com C_1 e C_2 constantes arbitrárias.

c) Impondo as condições iniciais dadas $x(0) = 0$ e $\dot{x}(0) = 2$ obtemos $x(0) = C_1 = 0$ e $\dot{x}(0) = C_2 = 2$ de onde se segue a solução do PVI

$$x(t) = 2\,e^{-2t} \operatorname{sen} t. \tag{2.8}$$

d) Basta mostrar que para $t \to \infty$, temos $x(t) \to 0$ o que pode ser visto diretamente da equação (2.8).

Exercício 2.33. Resolva o problema de valor inicial, composto pela equação diferencial

$$\cos x \, \frac{d^2}{dx^2} y(x) + \operatorname{sen} x \, \frac{d}{dx} y(x) = \operatorname{sen}^2 x$$

e satisfazendo as condições iniciais $y(0) = 0 = y'(0)$.

Resolução. Esta é uma equação diferencial redutível. Seja $y' = z$ de onde podemos escrever

$$\cos^2 x \, \frac{d}{dx}\left(\frac{z}{\cos x}\right) = \operatorname{sen}^2 x$$

que é uma equação diferencial de primeira ordem, de onde se segue

$$\frac{z}{\cos x} = \int^x \tan^2 \xi \, d\xi + A$$

onde A é uma constante arbitrária. Efetuando a integral resultante obtemos, já voltando na variável $y(x)$

$$y(x) = (A - x)\operatorname{sen} x - 2\cos x + B$$

onde B é outra constante arbitrária. Impondo as condições iniciais, temos $y(0) = B = 2$ e $y'(0) = A = 0$ logo a solução do PVI é dada por

$$y(x) = 2(1 - \cos x) - x\operatorname{sen} x.$$

Exercício 2.34. Obtenha a solução geral da equação diferencial ordinária

$$xy'' + 2y' + xy = 1$$

com $y = y(x)$, sabendo que $y_1(x) = \dfrac{\cos x}{x}$ é uma solução da equação homogênea associada.

Resolução. Vamos procurar $u(x)$ de tal modo que a função

$$y_2(x) = \frac{\cos x}{x} u(x)$$

seja a segunda solução linearmente independente da equação homogênea. Calculando as derivadas, substituindo na equação homogênea e simplificando, obtemos

$$(\cos x)u'' - 2(\operatorname{sen} x)u' = 0$$

que é uma equação redutível. Seja $u'(x) = v(x)$. Calculando as derivadas e substituindo na equação, $v(x)$ é solução da equação separável

$$\frac{\mathrm{d}v}{v} = 2\frac{\operatorname{sen} x}{\cos x}$$

sendo uma solução dada por $v(x) = \sec^2 x$, o que acarreta $u(x) = \tan x$. Note que não é necessária a preocupação com as constantes (Verifique!). Voltando na variável y, uma segunda solução linearmente independente é dada por

$$y_2(x) = \frac{\cos x}{x} u(x) = \frac{\cos x}{x} \tan x = \frac{\text{sen } x}{x}.$$

Por inspeção, uma solução particular da equação não homogênea é $y_{NH}(x) = \frac{1}{x}$ de onde podemos escrever para a solução geral da equação diferencial

$$y(x) = \frac{1}{x} + C_1 \frac{\cos x}{x} + C_2 \frac{\text{sen } x}{x}$$

com C_1 e C_2 constantes arbitrárias.

A matemática é a rainha das ciências.
1777 – Johann Carl Friedrich Gauss – 1855

3
Equações diferenciais ordinárias de ordem n

Abordamos as equações diferenciais homogêneas procurando a solução geral contendo, conforme a ordem, as respectivas constantes arbitrárias. Começamos com as equações diferenciais com coeficientes constantes, para as quais procuramos soluções através da exponencial a fim de obter uma equação algébrica que caracteriza a forma da solução.

Para as equações cujos coeficientes não são constantes, procuramos a solução geral através do método de redução de ordem. Apresentamos e discutimos problemas de valor inicial. Equações clássicas de ordens um e dois são também abordadas, em particular, a equação de Riccati na qual é mostrada uma importante propriedade das soluções. As equações diferenciais não homogêneas têm também a abordagem clássica, isto é, procuramos uma solução particular da equação não homogênea através dos métodos de coeficientes a determinar e variação de parâmetros.

Exercício 3.1. Apresentar a solução geral de, $y = y(x)$,

a) $y''' - 6y'' + 11y' - 6y = 0$
b) $y^{(4)} - 9y'' + 20y = 0$
c) $y' - 5y = 0$
d) $y''' - 6y'' + 2y' + 36y = 0$
e) $y^{(4)} - 4y''' + 7y'' - 4y' + 6y = 0$
f) $y^{(4)} + 8y''' + 24y'' + 32y' + 16y = 0$
g) $y^{(5)} - y^{(4)} - 2y''' + 2y'' + y' - y = 0$
h) $y^{(4)} - 8y''' + 32y'' - 64y' + 64y = 0$
i) $y^{(6)} - 5y^{(4)} + 16y''' + 36y'' - 16y' - 32y = 0$

Resolução. a) A equação auxiliar é $r^3 - 6r^2 + 11r - 6 = 0$. Por inspeção temos $r_1 = 1$. Então,

$$r^3 - 6r^2 + 11r - 6 = (r-1)(r^2 - 5r + 6)$$

e daí $r_2 = 2$ e $r_3 = 3$. Logo, a solução geral da equação é

$$y(x) + C_1 \, e^x + C_2 \, e^{2x} + C_3 \, e^{3x}$$

em que C_1, C_2 e C_3 são constantes arbitrárias.

b) A equação auxiliar é $r^4 - 9r^2 + 20 = 0$, conhecida pelo nome de equação biquadrada, cujas raízes são $r_1 = \sqrt{5}$, $r_2 = -\sqrt{5}$, $r_3 = 2$ e $r_4 = -2$. Portanto, a solução da equação é

$$y(x) = C_1 \, e^{\sqrt{5}x} + C_2 \, e^{-\sqrt{5}x} + C_3 \, e^{2x} + C_4 \, e^{-2x}$$

com C_1, C_2, C_3 e C_4 constantes arbitrárias.

c) A equação auxiliar é $r - 5 = 0$. Portanto, a solução da equação dada é $y(x) = C\,e^{5x}$ com C uma constante arbitrária.

d) A equação auxiliar é $r^3 - 6r^2 + 2r + 36 = 0$. Se essa equação possui raízes inteiras, as candidatas são os divisores de 36 (Veja Exercício 3.2, a seguir). Testando, encontramos $r_1 = -2$. Então, $r^3 - 6r^2 + 2r + 36 = (r+2)(r^2 - 8r + 18)$ de onde se segue para as outras duas raízes $r_2 = 4 + \sqrt{2}i$ e $r_3 = 4 - \sqrt{2}i$. A solução geral real da equação dada é

$$y(x) = C_1\,e^{-2x} + C_2\,e^{4x}\cos\sqrt{2}x + C_3\,e^{4x}\operatorname{sen}\sqrt{2}x$$

com C_1, C_2 e C_3 constantes arbitrárias.

e) A equação auxiliar é $r^4 - 4r^3 + 7r^2 - 4r + 6 = 0$ que reescrevemos na forma $r^4 - 4r^3 + r^2 - 4r + 6r^2 + 6 = 0$ ou ainda $r^3(r-4) + r(r-4) + 6(r^2+1) = 0$. Fatorando, temos $(r^3 + r)(r-4) + 6(r^2+1) = 0$ ou ainda $r(r^2+1)(r-4) + 6(r^2+1) = 0$ e, finalmente, $(r^2+1)(r^2 - 4r + 6) = 0$ que tem raízes $r_1 = i$, $r_2 = -i$, $r_3 = 2 + \sqrt{2}i$ e $r_4 = 2 - \sqrt{2}i$. A solução geral real da equação diferencial dada é

$$y(x) = C_1\cos x + C_2\operatorname{sen} x + C_3\,e^{2x}\cos\sqrt{2}x + C_4\,e^{2x}\operatorname{sen}\sqrt{2}x$$

com C_1, C_2, C_3 e C_4 constantes arbitrárias.

f) Reescreva a equação auxiliar $r^4 + 8r^3 + 24r^2 + 32r + 16 = 0$ na forma $r^4 + 8r^3 + 16r^2 + 8r^2 + 32r + 16 = 0$ ou ainda $(r^2+4r)^2 + 8(r^2+4r) + 16 = 0$ e, finalmente, $[(r^2+4r)+4]^2 = (r+2)^4 = 0$. Portanto, a solução geral da equação dada é

$$y(x) = C_1\,e^{-2x} + C_2\,x\,e^{-2x} + C_3\,x^2\,e^{-2x} + C_4\,x^3\,e^{-2x}$$

com C_1, C_2, C_3 e C_4 constantes arbitrárias.

g) A equação auxiliar $r^5 - r^4 - 2r^3 + 2r^2 + r - 1 = 0$ admite $r_1 = 1$ como raiz. Então,

$$r^5 - r^4 - 2r^3 + 2r^2 + r - 1 = (r-1)(r^2-1)^2 = 0$$

e temos $r_1 = r_2 = r_3 = 1$ e $r_4 = r_5 = -1$. Portanto, a solução geral da equação dada é

$$y(x) = C_1 e^x + C_2 x e^x + C_3 x^2 e^x + C_4 e^{-x} + C_5 x e^{-x}$$

com C_1, C_2, C_3, C_4 e C_5 constantes arbitrárias.

h) Note que

$$r^4 - 8r^3 + 32r^2 - 64r + 64 = r^4 - 8r^3 + 16r^2 + 16r^2 - 64r + 64$$

de onde podemos escrever

$$(r^2 - 4r)^2 + 16(r^2 - 4r) + 64 = (r^2 - 4r + 8)^2.$$

Portanto, a solução geral real da equação diferencial é

$$y(x) = C_1 e^{2x} \cos 2x + C_2 e^{2x} \operatorname{sen} 2x + C_3 x e^{2x} \cos 2x +$$

$$+ C_4 x e^{2x} \operatorname{sen} 2x$$

com C_1, C_2, C_3 e C_4 constantes arbitrárias.

i) Verifique que

$$r^6 - 5r^4 + 16r^3 + 36r^2 - 16r - 32 = (r-1)(r+1)(r+2)^2(r^2 - 4r + 8).$$

Então, a solução geral real da equação diferencial dada é

$$y(x) = C_1 e^x + C_2 e^{-x} + C_3 e^{-2x} + C_4 x e^{-2x} + C_5 e^{2x} \cos 2x +$$

$$+ C_6 e^{2x} \operatorname{sen} 2x$$

com C_1, C_2, C_3, C_4, C_5 e C_6 constantes arbitrárias.

EDO de ordem n

Exercício 3.2. Mostre que se $\frac{p}{q}$, ($p \in \mathbb{Z}$, $q \in \mathbb{N}$, p e q primos entre si) é uma raiz do polinômio

$$a_n x^n + a_{n-1} x^{n-1} + \cdots + a_1 x + a_0$$

onde $a_0, a_1, \ldots, a_n$ são inteiros, então p é divisor de a_0 e q é divisor de a_n.

Resolução. Como

$$a_n \frac{p^n}{q^n} + a_{n-1} \frac{p^{n-1}}{q^{n-1}} + \cdots + a_1 \frac{p}{q} + a_0 = 0$$

temos, multiplicando por q^n,

$$a_n p^n + a_{n-1} p^{n-1} q + \cdots + a_1 p q^{n-1} + a_0 q^n = 0 \qquad (3.1)$$

e, então,

$$a_n p^n = -q[a_{n-1} p^{n-1} + \cdots + a_1 p q^{n-2} + a_0 q^{n-1}] = -q\alpha$$

com $\alpha \in \mathbb{Z}$.

Como q não divide p, q não divide p^n e, portanto, q divide a_n. Também da equação (3.1) obtemos

$$a_0 q^n = -p[a_n p^{n-1} + \cdots + a_1 q^{n-1}] = -p\beta$$

com $\beta \in \mathbb{Z}$.

Como p não divide q, p não divide q^n e, portanto, p divide a_0.

Exercício 3.3. Apresentar a forma adequada para a solução particular, se queremos utilizar o método dos coeficientes a determinar para encontrar uma solução particular para:

a) $y''' - 6y'' + 11y' - 6y = 2x\,\mathrm{e}^{-x}$
b) $y''' - 6y'' + 11y' - 6y = 2x\,\mathrm{e}^{x}$
c) $y^{(4)} + 8y''' + 24y'' + 32y' + 16y = x\,\mathrm{e}^{-2x}$

(Não avalie as constantes!)

Resolução. a) Pelo Exercício 3.1 (a), temos

$$y_h(x) = C_1\,\mathrm{e}^{x} + C_2\,\mathrm{e}^{2x} + C_3\,\mathrm{e}^{3x}.$$

Então, a forma adequada para uma solução particular é

$$y_p(x) = (Ax + B)\,\mathrm{e}^{-x}.$$

b) Nesse caso, $y_p(x) = (Ax + B)x\,\mathrm{e}^{x}$.

c) Pelo item (f) do Exercício 3.1 temos

$$y_h(x) = C_1\,\mathrm{e}^{-2x} + C_2\,x\,\mathrm{e}^{-2x} + C_3\,x^2\,\mathrm{e}^{-2x} + C_4\,x^3\,\mathrm{e}^{-2x}.$$

Portanto, devemos procurar uma solução particular na forma

$$y_p(x) = (Ax + B)x^4\,\mathrm{e}^{-2x}.$$

Exercício 3.4. Encontrar a solução geral de

$$y''' + y' = \sec x$$

com $y = y(x)$ e $0 < x < \pi/2$.

EDO de ordem n

Resolução. A equação homogênea associada, $y''' + y' = 0$ tem solução geral dada por

$$y_h(x) = C_1 + C_2 \cos x + C_3 \operatorname{sen} x$$

com C_1, C_2 e C_3 constantes arbitrárias.

Vamos encontrar uma solução particular da equação diferencial não homogênea, dada na forma

$$y_p(x) = u_1(x) + u_2(x) \cos x + u_3(x) \operatorname{sen} x.$$

Então,

$$\begin{cases} 1u_1' + (\cos x)u_2' + (\operatorname{sen} x)u_3' = 0 \\ (-\operatorname{sen} x)u_2' + (\cos x)u_3' = 0 \\ (-\cos x)u_2' + (-\operatorname{sen} x)u_3' = \sec x. \end{cases}$$

Utilizando a regra de Cramer temos para u_1'

$$u_1' = \frac{\begin{vmatrix} 0 & \cos x & \operatorname{sen} x \\ 0 & -\operatorname{sen} x & \cos x \\ \sec x & -\cos x & -\operatorname{sen} x \end{vmatrix}}{\begin{vmatrix} 1 & \cos x & \operatorname{sen} x \\ 0 & -\operatorname{sen} x & \cos x \\ 0 & -\cos x & -\operatorname{sen} x \end{vmatrix}} = \sec x$$

de onde $u_1 = \ln(\sec x + \tan x)$ enquanto que para u_2'

$$u_2' = \frac{\begin{vmatrix} 1 & 0 & \operatorname{sen} x \\ 0 & 0 & \cos x \\ 0 & \sec x & -\operatorname{sen} x \end{vmatrix}}{\begin{vmatrix} 1 & \cos x & \operatorname{sen} x \\ 0 & -\operatorname{sen} x & \cos x \\ 0 & -\cos x & -\operatorname{sen} x \end{vmatrix}} = -1 \implies u_2 = -x$$

bem como para u_3'

$$u_3' = \frac{\begin{vmatrix} 1 & \cos x & 0 \\ 0 & -\sen x & 0 \\ 0 & -\cos x & \sec x \end{vmatrix}}{\begin{vmatrix} 1 & \cos x & \sen x \\ 0 & -\sen x & \cos x \\ 0 & -\cos x & -\sen x \end{vmatrix}} = -\tan x \implies u_3 = \ln(\cos x).$$

Portanto, a solução geral da equação dada é

$$y(x) = C_1 + C_2 \cos x + C_3 \sen x + \ln(\sec x + \tan x) -$$

$$-x \cos x + \sen x \ln(\cos x)$$

com C_1, C_2 e C_3 constantes arbitrárias.

Exercício 3.5. Encontre a solução geral de

$$y^{(4)} + 6y''' + 17y'' + 22y' + 14y = 0$$

sabendo que $-1 + i$ é raiz do polinômio

$$p(r) = r^4 + 6r^3 + 17r^2 + 22r + 14.$$

Resolução. Visto que $-1 + i$ é raiz do polinômio $p(r)$, $-1 - i$ também o é. Então,

$$p(r) = (r^2 + 2r + 2)(r^2 + 4r + 7)$$

e a solução geral real da equação dada é

$$y(x) = C_1 e^{-x} \cos x + C_2 e^{-x} \sen x + C_3 e^{-2x} \cos \sqrt{3}x +$$

$$+ C_4 e^{-2x} \sen \sqrt{3}x$$

com C_1, C_2, C_3 e C_4 constantes arbitrárias.

Exercício 3.6. Obtenha os autovalores e as autofunções associados ao seguinte sistema de Sturm-Liouville, isto é, equação diferencial

$$\frac{d^2}{dx^2}y(x) + \frac{2}{x}\frac{d}{dx}y(x) + \lambda^2 y(x) = 0$$

satisfazendo as condições de contorno $y(1) = 0 = y(\pi)$.

Resolução. Primeiramente, introduzimos a seguinte mudança de variável,

$$y(x) = \frac{v(x)}{x}$$

onde $v(x)$ satisfaz a seguinte equação diferencial

$$\frac{d^2}{dx^2}v(x) + \lambda^2 v(x) = 0$$

com as condições de contorno $v(1) = 0 = v(\pi)$. A solução geral da equação homogênea é

$$V(x) = A\,\text{sen}\,\lambda x + B\cos\lambda x$$

com A e B constantes. Substituindo as condições obtemos o sistema linear

$$\begin{cases} A\,\text{sen}\,\lambda + B\cos\lambda = 0 \\ A\,\text{sen}\,\lambda\pi + B\cos\lambda\pi = 0 \end{cases}$$

que, para soluções não triviais, fornece

$$\text{sen}\,\lambda\cos\lambda\pi - \cos\lambda\,\text{sen}\,\lambda\pi = 0$$

ou ainda, a seguinte equação trigonométrica

$$\text{sen}\,(\lambda\pi - \lambda) = \text{sen}\,k\pi$$

com $k = 1, 2, 3, \ldots$ de onde se segue para os autovalores

$$\lambda_k = \frac{k\pi}{\pi - 1}$$

com $k = 1, 2, 3, \ldots$ enquanto que as autofunções são dadas por

$$V_k(x) = C \operatorname{sen}(\lambda_k x - \lambda_k)$$

onde $C = A/\cos\lambda_k$ ou ainda na seguinte forma

$$V_k(x) = C \operatorname{sen}[(x-1)\lambda_k]$$

com $k = 1, 2, 3, \ldots$

Exercício 3.7. Encontre a solução geral de $y^{(4)} + 3y''' = 0$, $y = y(x)$.

Resolução. Se $y(x) = e^{rx}$ temos

$$y' = r e^{rx}, \quad y'' = r^2 e^{rx} \quad y''' = r^3 e^{rx} \quad \text{e} \quad y^{(4)} = r^4 e^{rx}.$$

Substituindo na equação diferencial, temos $(r^4 + 3r^3) e^{rx} = 0$. A equação auxiliar $r^4 + 3r^3 = 0$ admite as seguintes raízes $r_1 = r_2 = r_3 = 0$ e $r_4 = -3$. Portanto, a solução geral é

$$y(x) = C_1 + C_2 x + C_3 x^2 + C_4 e^{-3x}$$

com C_1, C_2, C_3 e C_4 constantes arbitrárias.

Exercício 3.8. Resolva o PVI, com $y = y(x)$

$$2y''' - 3y'' - 2y' = 0; \quad y(0) = 1, \ y'(0) = -1, \ y''(0) = 3.$$

Resolução. Nesse caso, a equação auxiliar é $2r^3 - 3r^2 - 2r = 0$ cujas raízes são $r_1 = 0$, $r_2 = 2$ e $r_3 = -1/2$. Então, a solução geral é
$$y(x) = C_1 + C_2 e^{2x} + C_3 e^{-x/2}$$
onde C_1, C_2 e C_3 são constantes.

Para satisfazer as condições iniciais, devemos ter
$$\begin{cases} C_1 + C_2 + C_3 = 1 \\ 2C_2 - C_3/2 = -1 \\ 4C_2 + C_3/4 = 3 \end{cases}$$
com solução dada por $C_1 = -7/2$, $C_2 = 1/2$ e $C_3 = 4$, de onde a solução do PVI é dada por
$$y(x) = -\frac{7}{2} + \frac{1}{2} e^{2x} + 4 e^{-x/2}.$$

Exercício 3.9. Seja $y = y(x)$. Encontre a solução geral de
$$x^3 y''' + 3x^2 y'' + 2xy' = 0 \quad \text{para} \quad x > 0.$$

Resolução. Trata-se de uma equação de Euler. Se $y(x) = x^r$ temos $y' = rx^{r-1}$; $y'' = r(r-1)x^{r-2}$ e $y''' = r(r-1)(r-2)x^{r-3}$. Substituindo na equação diferencial, obtemos
$$r(r-1)(r-2)x^r + 3r(r-1)x^r + 2rx^r = 0.$$
Daí, devemos ter $r(r-1)(r-2) + 3r(r-1) + 2r = 0$ ou seja $r(r^2 + 1) = 0$. Portanto, as raízes são $r_1 = 0$, $r_2 = i$ e $r_3 = -i$ e a solução geral é
$$y(x) = C_1 + C_2 \cos(\ln x) + C_3 \operatorname{sen}(\ln x)$$
com C_1, C_2 e C_3 constantes arbitrárias.

Exercício 3.10. Considere a equação diferencial, com $y = y(x)$,

$$y''' + p_1(x)y'' + p_2(x)y' + p_3(x)y = 0.$$

Suponha que y_1, y_2 e y_3 são soluções dessa equação em um intervalo I. a) Mostre que o Wronskiano $W(y_1, y_2, y_3)$ satisfaz a equação diferencial $W' = -p_1(x) \cdot W$. b) Conclua que $W(y_1, y_2, y_3)(x)$ ou é identicamente nulo em I ou nunca se anula em I.

Resolução. a) Como a derivada de um determinante 3×3 é a soma de três determinantes 3×3 obtidos derivando-se a primeira, a segunda e a terceira linhas, respectivamente, temos que

$$W(y_1, y_2, y_3) = \begin{vmatrix} y_1 & y_2 & y_3 \\ y_1' & y_2' & y_3' \\ y_1'' & y_2'' & y_3'' \end{vmatrix}$$

implica

$$W'(y_1, y_2, y_3) = \begin{vmatrix} y_1' & y_2' & y_3' \\ y_1' & y_2' & y_3' \\ y_1'' & y_2'' & y_3'' \end{vmatrix} + \begin{vmatrix} y_1 & y_2 & y_3 \\ y_1'' & y_2'' & y_3'' \\ y_1'' & y_2'' & y_3'' \end{vmatrix} +$$

$$+ \begin{vmatrix} y_1 & y_2 & y_3 \\ y_1' & y_2' & y_3' \\ y_1''' & y_2''' & y_3''' \end{vmatrix} = \begin{vmatrix} y_1 & y_2 & y_3 \\ y_1' & y_2' & y_3' \\ y_1''' & y_2''' & y_3''' \end{vmatrix}.$$

Mas $y_i''' = -p_1 y_i'' - p_2 y_i' - p_3 y_i$ com $i = 1, 2, 3$ e substituindo a terceira linha por ela somada a $p_3 \cdot$(primeira linha) e a $p_2 \cdot$(segunda linha) obtemos

$$W'(y_1, y_2, y_3) = \begin{vmatrix} y_1 & y_2 & y_3 \\ y_1' & y_2' & y_3' \\ -p_1 y_1'' & -p_1 y_2'' & -p_1 y_3'' \end{vmatrix} = -p_1 W(y_1, y_2, y_3).$$

b) A solução da equação $W' = -p_1 W$ é

$$W = C\,\mathrm{e}^{-\int^x p_1(\xi)\,d\xi}$$

com C uma constante arbitrária e, então, $W \equiv 0$ ($C = 0$) ou W nunca se anula ($C \neq 0$).

Exercício 3.11. Considere a equação diferencial ordinária

$$x^3 y''' - 3x^2 y'' + 6xy' - 6y = -6$$

com $y = y(x)$ e $x > 0$.

a) Verifique que $y_1(x) = x$, $y_2(x) = x^2$ e $y_3(x) = x^3$ são soluções da equação homogênea associada. b) Utilizando a definição de Wronskiano, mostre que essas soluções são linearmente independentes. c) Escreva a solução geral da equação não homogênea. d) Resolva o PVI, composto da equação diferencial e das condições $y(1) = 1$, $y'(1) = 2$ e $y''(1) = 3$.

Resolução. a) Para $y_1(x)$ temos $y_1'(x) = 1$ e $y_1''(x) = 0 = y_1'''(x)$ de onde se segue

$$x^3 \cdot (0) - 3x^2 \cdot (0) + 6x \cdot (1) - 6 \cdot (x) = 0$$

logo, é solução da equação homogênea associada. Para $y_2(x)$ temos $y_2'(x) = 2x$, $y_2''(x) = 2$ e $y_2'''(x) = 0$ de onde segue-se

$$x^3 \cdot (0) - 3x^2 \cdot (2) + 6x \cdot (2x) - 6 \cdot (x^2) = 0$$

também é solução. Analogamente, para $y_3(x)$ podemos escrever $y_3'(x) = 3x^2$, $y_3''(x) = 6x$ e $y_3'''(x) = 6$ de onde se segue

$$x^3 \cdot (6) - 3x^2 \cdot (6x) + 6x \cdot (3x^2) - 6 \cdot (x^3) = 0$$

logo, é, também, solução.

b) Devemos mostrar que o Wronskiano é diferente de zero. Para tal, calculamos o determinante

$$W[y_1(x), y_2(x), y_3(x)] = \begin{vmatrix} x & x^2 & x^3 \\ 1 & 2x & 3x^2 \\ 0 & 2 & 6x \end{vmatrix}$$
$$= 13x^3 + 2x^3 - 6x^3 - 6x^3 = 2x^3$$

logo, as soluções são linearmente independentes, para $x \neq 0$.

c) Por inspeção $y_p(x) = 1$, é solução da equação diferencial não homogênea, de onde podemos escrever para a solução geral

$$y(x) = 1 + C_1 x + C_2 x^2 + C_3 x^3$$

em que C_1, C_2 e C_3 são constantes.

d) Para obter a solução do PVI, impomos as condições iniciais e devemos resolver o seguinte sistema linear

$$\begin{cases} C_1 + C_2 + C_3 = 0 \\ C_1 + 2C_2 + 3C_3 = 2 \\ 2C_2 + 6C_3 = 3 \end{cases}$$

cuja solução é dada por $C_1 = -5/2$, $C_2 = 3$ e $C_3 = -1/2$ de onde se segue a solução do PVI

$$y(x) = 1 - \frac{5}{2}x + 3x^2 - \frac{1}{2}x^3.$$

Exercício 3.12. a) Mostre que a equação diferencial ordinária

$$y^{(4)} - 2y'' + y = 0$$

com $y = y(x)$ e $x > 0$ admite duas raízes duplas da equação auxiliar. b) Determine a solução geral.

Resolução. a) Visto que os coeficientes da equação diferencial são constantes, vamos procurar soluções do tipo

$$y(x) = e^{rx}.$$

Substituindo na equação e simplifcando, obtemos a equação auxiliar

$$r^4 - 2r^2 + 1 = 0$$

cujas raízes são $r_1 = -1$ (dupla) e $r_2 = 1$ (dupla).

b) A solução geral é dada por

$$y(x) = C_1 e^{-x} + C_2 x e^{-x} + C_3 e^x + C_4 x e^x$$

na qual C_1, C_2, C_3 e C_4 são constantes.

Exercício 3.13. Determine a solução geral da equação diferencial

$$y^{(4)} - y = 1$$

com $y = y(x)$ para $x > 0$.

Resolução. Vamos começar determinando a solução geral da equação homogênea associada, isto é,

$$y^{(4)} - y = 0$$

que admite como equação auxiliar $r^4 - 1 = 0$, cujas raízes são $r_1 = 1$, $r_2 = -1$, $r_3 = i$ e $r_4 = -i$. Uma solução particular da equação não homogênea é, obtida por inspeção, $y_P = -1$ de onde segue-se a solução da equação não homogênea

$$y(x) = -1 + C_1 \, e^x + C_2 \, e^{-x} + C_3 \, e^{ix} + C_4 \, e^{-ix}$$

com C_1, C_2, C_3 e C_4 constantes. Esta solução pode, também, ser escrita na forma

$$y(x) = -1 + C_1 \, e^x + C_2 \, e^{-x} + C_5 \operatorname{sen} x + C_6 \cos x$$

em que C_5 e C_6 são constantes.

Exercício 3.14. Resolva o PVI composto pela equação diferencial

$$y''' - 6y'' + 11y' - 6y = 0$$

com $y = y(x)$ satisfazendo as condições iniciais $y(0) = 0$, $y'(0) = 1$ e $y''(0) = 7$.

Resolução. A equação auxiliar é dada por $r^3 - 6r^2 + 11r - 6 = 0$ cujas raízes são $r_1 = 1$, $r_2 = 2$ e $r_3 = 3$ de onde se segue a solução geral

$$y(x) = C_1 \, e^x + C_2 \, e^{2x} + C_3 \, e^{3x}$$

com C_1, C_2 e C_3 constantes.

Impondo as condições iniciais, obtemos o seguinte sistema envolvendo as constantes

$$\begin{cases} C_1 + C_2 + C_3 = 0 \\ C_1 + 2C_2 + 3C_3 = 1 \\ C_1 + 4C_2 + 9C_3 = 7 \end{cases}$$

cuja solução é dada por $C_1 = 1$, $C_2 = -3$ e $C_3 = 2$ de onde se segue a solução do PVI

$$y(x) = e^x - 3\,e^{2x} + 2\,e^{3x}.$$

Exercício 3.15. Resolva o PVI composto pela equação diferencial

$$y^{(6)} - 6y^{(4)} + 9y'' - 4y = 0, \qquad y = y(x)$$

e as condições $y(0) = y'(0) = y''(0) = y'''(0) = y^{(4)}(0) = 0$ e $y^{(5)}(0) = 36$.

Resolução. Seja $y(x) = e^{rx}$. Substituindo na equação diferencial, obtemos a equação auxiliar $r^6 - 6r^4 + 9r^2 - 4 = 0$ cujas raízes são $r_1 = 1$ (dupla), $r_2 = -1$ (dupla), $r_3 = 2$ e $r_4 = -2$. Logo, a solução geral da equação diferencial pode ser escrita na forma

$$y(x) = (C_1 x + C_2)\,e^x + (C_3 x + C_4)\,e^{-x} + C_5\,e^{2x} + C_6\,e^{-2x}$$

com C_1, C_2, C_3, C_4, C_5 e C_6 constantes arbitrárias.

Substituindo as condições iniciais, obtemos o seguinte sistema de equações lineares envolvendo as constantes que, por conveniência, trocamos a primeira linha com a segunda linha,

$$\begin{cases} C_1 + C_2 + C_3 - C_4 + 2C_5 - 2C_6 &= 0 \\ C_2 + C_4 + C_5 + C_6 &= 0 \\ 2C_1 + C_2 - 2C_3 + C_4 + 4C_5 + 4C_6 &= 0 \\ 3C_1 + C_2 + 3C_3 - C_4 + 8C_5 - 8C_6 &= 0 \\ 4C_1 + C_2 - 4C_3 + C_4 + 16C_5 + 16C_6 &= 0 \\ 5C_1 + C_2 + 5C_3 - C_4 + 32C_5 - 32C_6 &= 36 \end{cases}$$

Multiplicando a primeira equação do sistema por -2, -3, -4 e -5 e adicionando, respectivamente, à terceira, quarta, quinta e sexta equações, obtemos

$$\begin{cases} C_1 + C_2 + C_3 - C_4 + 2C_5 - 2C_6 = 0 \\ C_2 + C_4 + C_5 + C_6 = 0 \\ -C_2 - 4C_3 + 3C_4 + 8C_6 = 0 \\ -2C_2 + 2C_4 + 2C_5 - 2C_6 = 0 \\ -3C_2 - 8C_3 + 5C_4 + 8C_5 + 24C_6 = 0 \\ -4C_2 + 4C_4 + 22C_5 - 22C_6 = 36 \end{cases}$$

Multiplicando a segunda equação do sistema anterior por 1, 2, 3 e 4 e adicionando, respectivamente, à terceira, quarta, quinta e sexta equações, temos

$$\begin{cases} C_1 + C_2 + C_3 - C_4 + 2C_5 - 2C_6 = 0 \\ C_2 + C_4 + C_5 + C_6 = 0 \\ -4C_3 + 4C_4 + C_5 + 9C_6 = 0 \\ 4C_4 + 4C_5 = 0 \\ -8C_3 + 8C_4 + 11C_5 + 27C_6 = 0 \\ 8C_4 + 26C_5 - 18C_6 = 36 \end{cases}$$

Multiplicando a terceira equação do sistema anterior por (-2) e adicionando à quinta equação temos

$$\begin{cases} C_1 + C_2 + C_3 - C_4 + 2C_5 - 2C_6 = 0 \\ C_2 + C_4 + C_5 + C_6 = 0 \\ -4C_3 + 4C_4 + C_5 + 9C_6 = 0 \\ C_4 + C_5 = 0 \\ 9C_5 + 9C_6 = 0 \\ 8C_4 + 26C_5 - 18C_6 = 36 \end{cases}$$

Multiplicando a quarta equação do sistema precedente por

EDO de ordem n 113

(-8) e adicionando à sexta equação obtemos

$$\begin{cases} C_1 + C_2 + C_3 - C_4 + 2C_5 - 2C_6 = 0 \\ C_2 + C_4 + C_5 + C_6 = 0 \\ -4C_3 + 4C_4 + C_5 + 9C_6 = 0 \\ C_4 + C_5 = 0 \\ C_5 + C_6 = 0 \\ 18C_5 - 18C_6 = 36 \end{cases}$$

Enfim, multiplicando a quinta equação por (-18) e adicionando à sexta equação, obtemos o sistema na chamada forma escalonada, isto é,

$$\begin{cases} C_1 + C_2 + C_3 - C_4 + 2C_5 - 2C_6 = 0 \\ C_2 + C_4 + C_5 + C_6 = 0 \\ -4C_3 + 4C_4 + C_5 + 9C_6 = 0 \\ C_4 + C_5 = 0 \\ C_5 + C_6 = 0 \\ 36C_6 = 36 \end{cases}$$

Resolvendo o sistema, obtemos

$$C_1 = C_3 = -3, \qquad C_2 = C_5 = 1 \quad \text{e} \quad C_4 = C_6 = -1.$$

Logo, a solução do PVI é dada por

$$y(x) = (-3x + 1)\,\mathrm{e}^x + (-3x - 1)\,\mathrm{e}^{-x} + \mathrm{e}^{2x} - \mathrm{e}^{-2x}.$$

Exercício 3.16. Resolva o PVI composto pela equação diferencial

$$y^{(5)} - y' = 0$$

com $y = y(x)$ e as condições $y(0) = y'(0) = y''(0) = y'''(0) = 0$ e $y^{(4)}(0) = 4$.

Resolução. Procurando uma solução do tipo $y(x) = e^{rx}$ obtemos a equação auxiliar $r(r^4 - 1) = 0$ cujas raízes são $r_1 = 0$, $r_2 = 1$, $r_3 = -1$, $r_4 = i$ e $r_5 = -i$ de onde podemos escrever para a solução geral

$$y(x) = C_1 + C_2 e^x + C_3 e^{-x} + C_4 \operatorname{sen} x + C_5 \cos x$$

com C_1, C_2, C_3, C_4 e C_5 constantes arbitrárias.

Impondo as condições iniciais, obtemos o seguinte sistema de equações lineares envolvendo as constantes

$$\begin{cases} C_1 + C_2 + C_3 + C_5 = 0 \\ C_2 - C_3 + C_4 = 0 \\ C_2 + C_3 - C_5 = 0 \\ C_2 - C_3 - C_4 = 0 \\ C_2 + C_3 + C_5 = 4 \end{cases}$$

Multiplicando a segunda equação por (-1) e adicionando à terceira, quarta e quinta equações podemos escrever

$$\begin{cases} C_1 + C_2 + C_3 + C_5 = 0 \\ C_2 - C_3 + C_4 = 0 \\ 2C_3 - C_4 - C_5 = 0 \\ C_4 = 0 \\ 2C_3 - C_4 + C_5 = 4 \end{cases}$$

Enfim, multiplicando a terceira equação por (-1) e adicionando à quinta equação temos

$$\begin{cases} C_1 + C_2 + C_3 + C_5 = 0 \\ C_2 - C_3 + C_4 = 0 \\ 2C_3 - C_4 - C_5 = 0 \\ C_4 = 0 \\ 2C_5 = 4 \end{cases}$$

de onde se segue a solução do sistema

$$C_1 = -4, \quad C_2 = 1 = C_3, \quad C_4 = 0 \quad \text{e} \quad C_5 = 2.$$

Logo, a solução do problema de valor inicial é dada por

$$y(x) = -4 + e^x + e^{-x} + 2\cos x$$

ou ainda, na seguinte forma

$$y(x) = -4 + 2\cosh x + 2\cos x.$$

Exercício 3.17. A razão anarmônica, denotada por $\mathcal{K}$, de quatro soluções particulares $y_1(x)$, $y_2(x)$, $y_3(x)$ e $y_4(x)$ da equação de Riccati, correspondentes aos valores C_1, C_2, C_3 e C_4 da constante de integração, dada por

$$\mathcal{K} = \frac{y_4(x) - y_1(x)}{y_4(x) - y_2(x)} \cdot \frac{y_3(x) - y_2(x)}{y_3(x) - y_1(x)} = \frac{C_4 - C_1}{C_4 - C_2} \cdot \frac{C_3 - C_2}{C_3 - C_1} \quad (3.2)$$

é constante, isto é, independe de x. A recíproca é verdadeira, ou seja: toda equação diferencial que goza desta propriedade é uma equação de Riccati. Em particular, determine a razão anarmônica da equação $x^2 y' - y^2 + 1 = 0$.

Resolução. Esta é uma equação de Riccati que pode ser resolvida através de separação de variáveis, isto é, uma equação separável do tipo

$$\frac{dy}{y^2 - 1} = \frac{dx}{x}$$

cuja integração fornece

$$\frac{y - 1}{y + 1} = Cx^2$$

com C uma constante de integração. Daí, podemos explicitar y, ou seja,
$$y(x) = \frac{1+Cx^2}{1-Cx^2}.$$
Vamos, para valores distintos da constante de integração, determinar quatro soluções particulares da equação de Riccati, conforme tabela a seguir

$$\begin{aligned}
C_1 &= 0 &\Longrightarrow\quad y_1(x) &= 1 \\
C_2 &= \infty &\Longrightarrow\quad y_2(x) &= -1 \\
C_3 &= 1 &\Longrightarrow\quad y_3(x) &= (1+x^2)/(1-x^2) \\
C_4 &= -1 &\Longrightarrow\quad y_4(x) &= (1-x^2)/(1+x^2)
\end{aligned}$$

Substituindo estes valores na equação (3.2), obtemos
$$\mathcal{K} = \frac{[(1-x^2)/(1+x^2)]-1}{[(1-x^2)/(1+x^2)]+1} \cdot \frac{[(1+x^2)/(1-x^2)]+1}{[(1+x^2)/(1-x^2)]-1}$$
$$= \frac{(1-x^2-1-x^2)(1+x^2+1-x^2)}{(1-x^2+1+x^2)(1+x^2-1+x^2)} = -1.$$

Exercício 3.18. Obtenha a solução geral da equação diferencial
$$y^{(2012)} + y = 0$$
com $y = y(x)$.

Resolução. Visto que os coeficientes são constantes, vamos procurar uma solução na forma $y = e^{rx}$ a qual fornece a equação auxiliar $r^{2012} + 1 = 0$.

Desta equação podemos escrever
$$r^{2012} = \cos\pi + i\,\text{sen}\,\pi = \exp(i\pi)$$

ou ainda, na seguinte forma

$$r_k = \exp\left[i\frac{(2k-1)}{2012}\pi\right]$$

com $k = 1, 2, \ldots, 2012$.

Logo, a solução geral da equação diferencial pode ser colocada na forma

$$y(x) = \sum_{k=1}^{2012} C_k \, e^{r_k x}$$

com $C_1, C_2, \ldots, C_{2012}$ constantes arbitrárias.

Exercício 3.19. Resolva a equação diferencial não homogênea

$$x^3 y''' - 3xy' + 3y = 3$$

com $y = y(x)$ e as condições $y(1) = y'(1) = y''(1) = 1$.

Resolução. Comecemos com a respectiva equação homogênea. Esta equação diferencial admite como solução $y_1(x) = x$, por inspeção. Vamos procurar as outras soluções através do método de redução de ordem, isto é, determinar $u(x)$ a fim de que $y(x) = xu(x)$ seja solução da equação homogênea. Calculando as derivadas e substituindo na equação diferencial homogênea, obtemos

$$x^3(xu''' + 3u'') - 3x(xu' + u) + 3xu = 0$$

ou ainda, após simplificação

$$x^2 v'' + 3xv' - 3v = 0$$

que é uma equação do tipo Euler com $v = u'$.

Vamos procurar soluções na forma $v(x) = x^r$ que nos leva à seguinte equação auxiliar $r^2 + 2r - 3 = 0$ cujas raízes são $r_1 = 1$ e $r_2 = -3$ de onde se segue que as duas soluções da equação na variável $v(x)$ são dadas por

$$v_2(x) = x \quad \text{e} \quad v_3(x) = \frac{1}{x^3}.$$

Voltando na variável $u(x)$ temos, após integração

$$u_2(x) = \frac{x^2}{2} \quad \text{e} \quad u_3(x) = -\frac{1}{2x^2}$$

de onde se segue para as respectivas soluções na variável $y(x)$

$$y_2(x) = \frac{x^3}{6} \quad \text{e} \quad u_3(x) = \frac{1}{2x}.$$

Daí, se segue que a solução geral da correspondente equação diferencial homogênea é dada por

$$y_H(x) = C_1 x + C_2 x^3 + \frac{C_3}{x}$$

com C_1, C_2 e C_3 constantes arbitrárias. Uma solução particular da correspondente equação diferencial não homogênea é $y_P(x) = 1$. A solução geral da equação não homogênea é

$$y(x) = 1 + C_1 x + C_2 x^3 + \frac{C_3}{x}.$$

Impondo as condições iniciais obtemos o seguinte sistema linear envolvendo as constantes

$$\begin{cases} C_1 + C_2 + C_3 = 0 \\ C_1 + 3C_2 - C_3 = 1 \\ 6C_2 + 2C_3 = 1 \end{cases}$$

EDO de ordem n

com solução dada por $C_1 = 0$, $C_2 = 1/4$ e $C_3 = -1/4$ de onde se segue que a solução satisfazendo ao PVI é

$$y(x) = 1 + \frac{x^3}{4} - \frac{1}{4x}.$$

Exercício 3.20. Se $y_1(x)$ é uma solução da equação, para $n \geq 2$,

$$p_0 y^{(n)}(x) + p_1 y^{(n-1)}(x) + \cdots + p_{n-2} y''(x) + p_{n-1} y'(x) + p_n y(x) = 0$$

com p_i, $i = 0, 1, 2, \ldots, n$ constantes, então $v(x)$ dado por

$$y(x) = y_1(x) \int^x v(\xi)\,d\xi$$

satisfaz uma equação diferencial de ordem $n-1$. No particular caso em que $y(x) = e^x$ é solução da equação diferencial

$$y^{(4)} - 2y''' + 5y'' - 6y' + 2y = 0$$

obtenha a equação diferencial de ordem três satisfeita pela função $v(x)$.

Resolução. Seja $y(x) = e^x \int^x v(\xi)\,d\xi$. Calculando as derivadas temos

$$y'(x) = e^x \int^x v(\xi)\,d\xi + e^x v,$$

$$y''(x) = e^x \int^x v(\xi)\,d\xi + 2 e^x v + e^x v',$$

$$y'''(x) = e^x \int^x v(\xi)\,d\xi + 3 e^x v + 3 e^x v' + e^x v'',$$

$$y^4(x) = e^x \int^x v(\xi)\,d\xi + 4 e^x v + 6 e^x v' + 4 e^x v'' + e^x v'''.$$

Substituindo na equação diferencial e rearranjando temos

$$\left(e^x \int^x v(\xi)\,d\xi - 2e^x \int^x v(\xi)\,d\xi - 6e^x \int^x v(\xi)\,d\xi + \right.$$

$$\left. +5e^x \int^x v(\xi)\,d\xi - 2e^x \int^x v(\xi)\,d\xi \right) + 4e^x v + 6e^x v' + 4e^x v'' +$$

$$+ e^x v''' - 6e^x v - 6e^x v' - e^x v'' + 10 e^x v + 5 e^x v' - 6 e^x v = 0.$$

Visto que os termos entre parênteses se cancelam, podemos escrever

$$v''' + 3v'' - v' + 2v = 0$$

que é uma equação diferencial de ordem três.

Ressalte que este procedimento se estende para equações diferenciais ordinárias de ordem n, com $n \geq 2$, bem como os coeficientes p_i com $i = 0, 1, \ldots, n$ podendo depender da variável independente x, isto é, não necessariamente os coeficientes são constantes.

Exercício 3.21. Resolva a equação diferencial $y'''' - y = -1$ com $y = y(x)$ satisfazendo as condições $y(0) = 1$, $y'(0) = 0 = y''(0)$ e $y'''(0) = 4$.

Resolução. Por inspeção concluímos que uma solução particular da equação diferencial não homogênea é $y_P(x) = 1$. Vamos, agora, resolver a respectiva equação diferencial homogênea

$$y'''' - y = 0$$

cuja equação auxiliar é $r^4 - 1 = 0$. As raízes da equação auxiliar são $r_1 = 1$, $r_2 = -1$, $r_3 = i$ e $r_4 = -1$ de onde segue-se que a solução geral da equação homogênea é dada por

$$y_H(x) = C_1\,e^x + C_2\,e^{-x} + C_3\cos x + C_4\,\text{sen}\,x$$

onde C_1, C_2, C_3 e C_4 são constantes arbitrárias. Utilizando as condições dadas, podemos escrever o sistema algébrico

$$\begin{cases} C_1 + C_2 + C_3 = 0 \\ C_1 - C_2 + C_4 = 0 \\ C_1 + C_2 - C_3 = 0 \\ C_1 - C_2 - C_4 = 4 \end{cases}$$

cuja solução é dada por $C_1 = 1 = -C_2$, $C_3 = 0$ e $C_4 = -2$. Logo, a solução da equação diferencial não homogênea é dada pela soma da solução particular e da solução geral da equação homogênea, que pode ser escrita na forma

$$y(x) = 1 + 2\,\text{senh}\,x - 2\,\text{sen}\,x.$$

As leis da Natureza nada mais são que pensamentos matemáticos de Deus.

1571 – Johannes Kepler – 1630

4
Transformada de Laplace

Este capítulo é dedicado ao estudo da metodologia que atende pelo nome de transformada de Laplace, isto é, utilizamos a transformada de Laplace para determinar uma solução particular da equação diferencial ordinária, linear de primeira e de segunda ordens. Note-se que estamos procurando uma solução particular, isto é, satisfazendo condições. Em geral, a metodologia é útil quando abordamos um problema de valor inicial, composto de uma equação diferencial de segunda ordem e condições iniciais dadas em $t = 0$.

Esta metodologia transforma uma equação diferencial ordinária com coeficientes constantes numa equação algébrica cuja solução é imediata. No caso de os coeficientes não serem constantes, somos levados a uma outra equação diferencial, às vezes até mais complicada que aquela de partida. Através da transformada inversa, recuperamos a solução da equação diferencial ordinária. Em nosso caso, propomos apenas equações diferenciais ordinárias cuja solução, obtida através da metodologia da transformada de Laplace, não requer o uso das variáveis complexas.

Exercício 4.1. Sendo $\mathscr{L}[t^n f(t)] = (-1)^n F^{(n)}(s)$, onde $F(s)$ é a transformada de Laplace de $\mathscr{L}[f(t)]$, calcular

a) $\mathscr{L}[t^n]$
b) $\mathscr{L}[e^{at}t^n]$

com $a \in \mathbb{R}$ e $n = 0, 1, 2, \ldots$

Resolução. a) A partir de $\mathscr{L}[t^n f(t)] = (-1)^n F^{(n)}(s)$ onde $\mathscr{L}[f(t)] = \mathscr{L}[1] = \frac{1}{s}$, com $s > 0$ temos

$$F'(s) = -\frac{1}{s^2}, \quad F''(s) = \frac{2}{s^3}, \quad F'''(s) = -\frac{2 \cdot 3}{s^4}, \quad \ldots$$

e

$$F^{(n)}(s) = \frac{(-1)^n n!}{s^{n+1}}.$$

Portanto

$$\mathscr{L}[t^n] = (-1)^n \cdot (-1)^n \cdot \frac{n!}{s^{n+1}} = \frac{n!}{s^{n+1}}$$

com $s > 0$.

b) Pela propriedade do deslocamento, i.é.,

Se $\mathscr{L}[f(t)] = F(s)$ então $\mathscr{L}[e^{at}f(t)] = F(s-a)$

temos

$$\mathscr{L}[e^{at}t^n] = \frac{n!}{(s-a)^{n+1}}.$$

Exercício 4.2. Calcular $\mathscr{L}[4\,\mathrm{e}^{5t}+6\,t^3-3\,\mathrm{sen}\,4t+2\cos 2t] \equiv \mathscr{L}[f(t)]$.

Resolução. Como $\mathscr{L}$ é linear temos
$$\mathscr{L}[f(t)] = \frac{4}{s-5} + 6\cdot\frac{3!}{s^4} - 3\cdot\frac{4}{s^2+16} + 2\cdot\frac{s}{s^2+4}$$
para $s > 5$.

Exercício 4.3. Se $\mathscr{L}[f(t)] = F(s)$ mostre que
$$\mathscr{L}\left[\int_0^t f(\xi)\,\mathrm{d}\xi\right] = \frac{F(s)}{s}.$$

Resolução. Sendo $g(t) = \int_0^t f(\xi)\,\mathrm{d}\xi$, obtemos $g(0) = 0$ e $g'(t) = f(t)$. Como $\mathscr{L}[g'(t)] = s\mathscr{L}[g(t)] - g(0)$ temos
$$\mathscr{L}[f(t)] = s\mathscr{L}\left[\int_0^t f(\xi)\,\mathrm{d}\xi\right] - 0$$
e, logo,
$$\mathscr{L}\left[\int_0^t f(\xi)\,\mathrm{d}\xi\right] = \frac{F(s)}{s}.$$

Exercício 4.4. Use a transformada de Laplace para resolver o PVI
$$y' - 5y = \mathrm{e}^{5t}, \qquad y(0) = 0.$$

Resolução. Aplicando a transformada de Laplace em ambos os membros da equação dada, temos, usando a linearidade,
$$\mathscr{L}[y'] - 5\mathscr{L}[y] = \mathscr{L}[\mathrm{e}^{5t}]$$

ou seja
$$s\mathscr{L}[y] - y(0) - 5\mathscr{L}[y] = \frac{1}{s-5}$$
e, então,
$$(s-5)\mathscr{L}[y] = \frac{1}{s-5}.$$
Portanto,
$$\mathscr{L}[y] = \frac{1}{(s-5)^2}$$
e, finalmente, calculando a transformada de Laplace inversa
$$y(t) = \mathscr{L}^{-1}\left[\frac{1}{(s-5)^2}\right] = t\,\mathrm{e}^{5t}.$$

Exercício 4.5. Resolva o PVI com $y = y(t)$,
$$ty'' + (1-2t)y' - 2y = 0, \qquad y(0) = 1;\ y'(0) = 2$$
via transformada de Laplace.

Resolução. Vamos utilizar a notação $Y(s) = \mathscr{L}[y(t)]$ e as propriedades $\mathscr{L}[tf(t)] = -F'(s)$ em que $F(s) = \mathscr{L}[f(t)]$ e $\mathscr{L}[f''(t)] = s^2\mathscr{L}[f(t)] - sf(0) - f'(0)$. Aplicando a transformada de Laplace em ambos os membros da equação diferencial temos
$$\mathscr{L}[ty''] + \mathscr{L}[y'] - 2\mathscr{L}[ty'] - 2\mathscr{L}[y] = 0$$
ou seja
$$-\frac{\mathrm{d}}{\mathrm{d}s}\left[s^2Y(s) - sy(0) - y'(0)\right] + sY(s) - y(0) +$$
$$+2\frac{\mathrm{d}}{\mathrm{d}s}[sY(s) - y(0)] - 2Y(s) = 0.$$

Transformada de Laplace

Então, calculando as derivadas, temos, já rearranjando

$$-s^2 Y'(s) - 2sY(s) + sY(s) + 2sY'(s) = 0$$

ou ainda, na seguinte forma

$$(s-2)Y'(s) + Y(s) = 0$$

que é uma equação diferencial de primeira ordem na variável s. Logo

$$[(s-2)Y(s)]' = 0$$

de onde se segue, integrando,

$$(s-2)Y(s) = C$$

com C uma constante arbitrária.

Então,

$$Y(s) = \frac{C}{s-2}$$

cuja inversa fornece

$$y(t) = \mathscr{L}^{-1}\left[\frac{C}{s-2}\right] = C\,\mathrm{e}^{2t}.$$

Como $y(0) = 1$ temos $C = 1$. A solução do PVI é $y(t) = \mathrm{e}^{2t}$.

Exercício 4.6. Utilizando transformada de Laplace encontre $y(t)$ que satisfaz a equação integrodiferencial, isto é, apresenta uma derivada e a incógnita encontra-se, também, sob o sinal de integral,

$$y' + 2y + \int_0^t y(x)\,dx = t$$

satisfazendo a condição $y(0) = 1$.

Resolução. Tomando a transformada de Laplace em ambos os membros da equação, temos

$$\mathscr{L}[y'] + 2\mathscr{L}[y] + \mathscr{L}\left[\int_0^t y(x)\,dx\right] = \mathscr{L}[t]$$

e, então,

$$sY(s) - y(0) + 2Y(s) + \frac{Y(s)}{s} = \frac{1}{s^2}$$

em que $Y(s) = \mathscr{L}[y(t)]$, ou ainda

$$\left(s + 2 + \frac{1}{s}\right)Y(s) = \frac{1}{s^2} + 1$$

e daí

$$(s^2 + 2s + 1)Y(s) = \frac{1}{s} + s$$

ou ainda, na seguinte forma

$$Y(s) = \frac{1}{s(s+1)^2} + \frac{s}{(s+1)^2}.$$

Decompondo $1/s(s+1)^2$ em frações parciais, obtemos

$$\frac{1}{s(s+1)^2} = \frac{1}{s} - \frac{1}{s+1} - \frac{1}{(s+1)^2}$$

e, então, rearranjando, podemos escrever

$$\begin{aligned} Y(s) &= \frac{1}{s} - \frac{1}{s+1} - \frac{1}{(s+1)^2} + \frac{(s+1)-1}{(s+1)^2} \\ &= \frac{1}{s} - \frac{1}{s+1} - \frac{1}{(s+1)^2} + \frac{1}{s+1} - \frac{1}{(s+1)^2} \\ &= \frac{1}{s} - \frac{2}{(s+1)^2}. \end{aligned}$$

Calculando a transformada de Laplace inversa, obtemos

$$y(t) = \mathscr{L}^{-1}\left[\frac{1}{s} - \frac{2}{(s+1)^2}\right] = 1 - 2t\,\mathrm{e}^{-t}$$

que é a solução da equação integrodiferencial dada.

Exercício 4.7. Transforme o problema (equação e condição)

$$y' + 2y + \int_0^t y(x)\,\mathrm{d}x = t, \qquad y(0) = 1$$

em uma equação diferencial de segunda ordem e resolva-a.

Resolução. Primeiramente, note que, da equação dada, podemos concluir que $y'(0) = -2$. Derivando a equação em relação à variável t, temos

$$y'' + 2y' + y = 1. \qquad (4.1)$$

A solução da equação homogênea associada é

$$y_h(t) = C_1\,\mathrm{e}^{-t} + C_2\,t\,\mathrm{e}^{-t}$$

com C_1 e C_2 constantes arbitrárias. É claro que $y(t) = 1$ é uma solução particular da equação (4.1) e, então,

$$y(t) = C_1 e^{-t} + C_2 t e^{-t} + 1.$$

Como $y(0) = 1$ e $y'(0) = -2$ temos que $C_1 = 0$ e $C_2 = -2$ de onde se segue a solução da equação (4.1) satisfazendo as condições

$$y(t) = 1 - 2t e^{-t}.$$

Exercício 4.8. Calcular as seguintes transformadas de Laplace inversas, com $s > 0$,

a) $\quad \mathscr{L}^{-1}\left[\dfrac{s+4}{s^2+4s+8}\right]$

b) $\quad \mathscr{L}^{-1}\left[\ln\left(\dfrac{s+2}{s+1}\right)\right].$

Resolução. a) Reescrevemos a fração na forma

$$\frac{s+4}{s^2+4s+8} = \frac{s+4}{(s+2)^2+4} = \frac{(s+2)+2}{(s+2)^2+4}$$

$$= \frac{s+2}{(s+2)^2+4} + \frac{2}{(s+2)^2+4}.$$

Utilizando a linearidade da transformada inversa, segue-se

$$\mathscr{L}^{-1}\left[\frac{s+4}{s^2+4s+8}\right] = e^{-2t}\cos 2t + e^{-2t}\sin 2t.$$

b) Seja $F(s) = \ln\left(\dfrac{s+2}{s+1}\right)$ logo, derivando, temos

$$F'(s) = -\dfrac{1}{(s+2)(s+1)} = \dfrac{1}{s+2} - \dfrac{1}{s+1}.$$

Ainda mais, utilizando a linearidade, podemos escrever

$$\mathscr{L}^{-1}[F'(s)] = e^{-2t} - e^{-t}.$$

Mas, $\mathscr{L}[tf(t)] = -F'(s)$ se $F(s) = \mathscr{L}[f(t)]$ e daí

$$-tf(t) = e^{-2t} - e^{-t}$$

de onde se segue

$$f(t) = \dfrac{e^{-t} - e^{-2t}}{t}.$$

Exercício 4.9. Use a transformada de Laplace para resolver o PVI

$$y'' + y = f(t) \qquad y(0) = 0, \quad y'(0) = 1$$

em que

$$f(t) = \begin{cases} 1 & \text{se } 0 \le t < \frac{\pi}{2} \\ 0 & \text{se } t \ge \frac{\pi}{2}. \end{cases}$$

Resolução. Considerando a função degrau unitário

$$u_C(t) = \begin{cases} 0 & \text{se } t < C \\ 1 & \text{se } t \ge C \end{cases}$$

com $C > 0$ escrevemos $f(t)$ na forma

$$f(t) = 1 - u_{\frac{\pi}{2}}(t).$$

Aplicando a transformada de Laplace à equação diferencial, temos

$$\mathscr{L}[y''] + \mathscr{L}[y] = \mathscr{L}[1 - u_{\frac{\pi}{2}}(t)]$$

e, utilizando a relação,

$$\mathscr{L}[u_C(t)] = \frac{e^{-Cs}}{s}$$

obtemos

$$s^2 Y(s) - sy(0) - y'(0) + Y(s) = \frac{1}{s} - \frac{e^{-\pi s/2}}{s}$$

ou ainda, isolando $Y(s) = \mathscr{L}[y(t)]$,

$$Y(s) = \frac{1}{s^2 + 1} + \frac{1}{s(s^2 + 1)} - \frac{e^{-\pi s/2}}{s(s^2 + 1)}.$$

Utilizando frações parciais, podemos escrever

$$Y(s) = \frac{1}{s^2 + 1} + \frac{1}{s} - \frac{s}{s^2 + 1} - e^{-\pi s/2}\left(\frac{1}{s} - \frac{s}{s^2 + 1}\right).$$

Calculando as transformadas inversas, obtemos

$$y(t) = \operatorname{sen} t + 1 - \cos t - u_{\frac{\pi}{2}}(t) + u_{\frac{\pi}{2}}(t)\cos\left(t - \frac{\pi}{2}\right)$$

pois $\mathscr{L}[u_C(t)f(t - C)] = e^{-Cs}F(s)$ onde $F(s) = \mathscr{L}[f(t)]$
e podemos escrever ainda

$$y(t) = \begin{cases} 1 - \cos t + \operatorname{sen} t & \text{se } 0 \leq t < \frac{\pi}{2} \\ 2\operatorname{sen} t - \cos t & \text{se } t \geq \frac{\pi}{2}. \end{cases}$$

Exercício 4.10. Se $\delta(t - t_0)$ denota a função impulso no ponto t_0 temos que a transformada de Laplace é $\mathscr{L}[\delta(t - t_0)] = e^{-st_0}$. Utilizando tal resultado resolva o PVI

$$y'' + 2y' + 2y = \delta(t - \pi), \qquad y(0) = 1, \quad y'(0) = 0.$$

Resolução. Aplicando a transformada de Laplace em ambos os membros da equação diferencial, temos

$$s^2 Y(s) - sy(0) - y'(0) + 2sY(s) - 2y(0) + 2Y(s) = e^{-\pi s}$$

ou, rearranjando, na forma $(s^2 + 2s + 2)Y(s) = s + 2 + e^{-\pi s}$.
Portanto,

$$\begin{aligned} Y(s) &= \frac{s+2}{s^2+2s+2} + \frac{e^{-\pi s}}{s^2+2s+2} \\ &= \frac{s+1}{(s+1)^2+1} + \frac{1}{(s+1)^2+1} + \frac{e^{-\pi s}}{(s+1)^2+1}. \end{aligned}$$

Calculando as respectivas transformadas inversas, temos

$$y(t) = e^{-t}\cos t + e^{-t}\operatorname{sen} t + u_\pi(t)\operatorname{sen}(t-\pi)\,e^{-(t-\pi)}$$

ou ainda, finalmente, na seguinte forma

$$y(t) = e^{-t}(\cos t + \operatorname{sen} t) - u_\pi(t)\operatorname{sen} t\, e^{-(t-\pi)}.$$

Exercício 4.11. Utilize o método da transformada de Laplace para resolver o problema de valor inicial, com $y = y(t)$,

$$y'' + 4y = f(t) \quad \text{com} \quad y(0) = 0 = y'(0)$$

e

$$f(t) = \frac{1}{5} \begin{cases} 0 & \text{se } 0 \leq t < 5, \\ t - 5 & \text{se } 5 \leq t < 10, \\ 5 & \text{se } t \geq 10. \end{cases}$$

Resolução. Escrevendo a função $f(t)$ em termos da função degrau, temos

$$f(t) = \frac{1}{5}\left[u_5(t)(t-5) - u_{10}(t)(t-10)\right].$$

Então, aplicando a transformada de Laplace à equação diferencial, podemos escrever

$$s^2 Y(s) - sy(0) - y'(0) + 4Y(s) = \frac{e^{-5s} - e^{-10s}}{5s^2}$$

de onde se segue, isolando $Y(s)$,

$$Y(s) = \frac{e^{-5s} - e^{-10s}}{5s^2(s^2+4)}.$$

Separando $\dfrac{1}{5s^2(s^2+4)}$ em frações parciais, temos

$$\frac{1}{5s^2(s^2+4)} = \frac{1/4}{5s^2} - \frac{1/4}{5(s^2+4)}$$

e, então, tomando a transformada de Laplace inversa

$$\mathscr{L}^{-1}\left[\frac{1/5}{s^2(s^2+4)}\right] = \frac{1}{20}t - \frac{1}{40}\operatorname{sen} 2t = h(t)$$

e, finalmente,
$$y(t) = \frac{1}{5}\left[u_5(t)h(t-5) - u_{10}h(t-10)\right].$$

Exercício 4.12. Use frações parciais para calcular a transformada de Laplace inversa
$$\mathscr{L}^{-1}\left[\frac{2\,e^{-s}}{s^3(s^2+4)}\right].$$

Resolução. Comecemos por escrever
$$\frac{2}{s^3(s^2+4)} = \frac{A}{s} + \frac{B}{s^2} + \frac{C}{s^3} + \frac{Ds+E}{s^2+4}$$
onde os coeficientes A, B, C, D e E devem ser determinados. Resolvendo o sistema envolvendo tais coeficientes, obtemos
$$A = -\frac{1}{8}, \quad B = 0, \quad C = \frac{1}{2}, \quad D = \frac{1}{8} \quad \text{e} \quad E = 0.$$
Podemos, então, escrever
$$\mathscr{L}^{-1}\left[\frac{2\,e^{-s}}{s^3(s^2+4)}\right] = \mathscr{L}^{-1}\left[e^{-s}\left(\frac{-1/8}{s} + \frac{1/2}{s^3} + \frac{s/8}{s^2+4}\right)\right]$$
de onde, finalmente, obtemos
$$\mathscr{L}^{-1}\left[\frac{2\,e^{-s}}{s^3(s^2+4)}\right] = u_1(t)\left[-\frac{1}{8} + \frac{1}{4}(t-1)^2 + \frac{1}{8}\cos 2(t-1)\right].$$

Exercício 4.13. Represente graficamente a função

$$f(t) = \mathscr{L}^{-1}\left[e^{-4s}\left(\frac{2}{s^2} + \frac{5}{s}\right)\right]$$

com $t > 0$.

Resolução. Em analogia ao exercício anterior, podemos escrever, utilizando a função degrau

$$\mathscr{L}^{-1}\left[e^{-4s}\left(\frac{2}{s^2} + \frac{5}{s}\right)\right] = u_4(t)[2(t-4)+5] = u_4(t)[2t-3].$$

Exercício 4.14. Resolva por transformada de Laplace o PVI

$$y'' + 4y = f(t), \quad y(0) = 0, \quad y'(0) = 1$$

em que

$$f(t) = \begin{cases} 0 & \text{se } t < 1, \\ t^2 - 2t + 1 & \text{se } t \geq 1. \end{cases}$$

Resolução. Como $f(t) = u_1(t)(t-1)^2$, aplicando a transformada de Laplace à equação diferencial, obtemos

$$s^2 Y(s) - sy(0) - y'(0) + 4Y(s) = e^{-s}\frac{2}{s^3}.$$

Usando as condições iniciais e isolando $Y(s)$, temos

$$Y(s) = \frac{1}{s^2+4} + e^{-s}\frac{2}{s^3(s^2+4)}.$$

Daí, calculando a transformada de Laplace inversa (Veja Exercício 4.12.)

$$y(t) = \mathscr{L}^{-1}\left[\frac{1}{s^2+4}\right] + \mathscr{L}^{-1}\left[e^{-s}\frac{2}{s^3(s^2+4)}\right]$$

$$= \frac{1}{2}\operatorname{sen} 2t + u_1(t)\left[-\frac{1}{8} + \frac{1}{4}(t-1)^2 + \frac{1}{8}\cos 2(t-1)\right].$$

Exercício 4.15. Expresse a solução do PVI, com $y = y(t)$,

$$y'' + 3y' + 2y = \cos \alpha t, \quad y(0) = 0, \quad y'(0) = 0$$

com α uma constante, em termos de uma convolução.

Resolução. Aplicando a transformada de Laplace à equação diferencial e usando as condições iniciais, obtemos

$$(s^2 + 3s + 2)Y(s) = \frac{s}{s^2 + \alpha^2}.$$

Então, isolando $Y(s)$ e reescrevendo como um produto, temos

$$Y(s) = \frac{s}{(s^2+\alpha^2)(s^2+3s+2)} = \frac{s}{s^2+\alpha^2} \cdot \frac{1}{(s+3/2)^2 - 1/4}$$

$$= \frac{s}{s^2+\alpha^2} \cdot \left(\frac{1}{s+1} \cdot \frac{1}{s+2}\right) \qquad (4.2)$$

$$= \frac{s}{s^2+\alpha^2} \cdot \left(\frac{1}{s+1} - \frac{1}{s+2}\right).$$

Sabendo-se que

$$\mathscr{L}^{-1}\left[\frac{1}{s+1}\right] = e^{-t}, \quad \mathscr{L}^{-1}\left[\frac{1}{s+2}\right] = e^{-2t} \quad e$$

$$\mathscr{L}^{-1}\left[\frac{s}{s^2+\alpha^2}\right] = \cos\alpha t$$

podemos escrever

$$y(t) = \cos(\alpha t) \star (\mathrm{e}^{-t} - \mathrm{e}^{-2t})$$

onde $\star$ denota o produto de convolução. Note que, da equação (4.2), também podemos escrever

$$y(t) = \cos(\alpha t) \star \mathrm{e}^{-t} \star \mathrm{e}^{-2t}.$$

Exercício 4.16. Calcule

$$\mathscr{L}^{-1}\left[9\frac{1+\mathrm{e}^{-4s}}{s(s^2-6s+9)}\right] \equiv \mathscr{L}^{-1}[F(s)].$$

Resolução. Temos que (verifique!)

$$\frac{9}{s(s^2-6s+9)} = \frac{9}{s(s-3)^2} = \frac{1}{s} - \frac{1}{s-3} + \frac{3}{(s-3)^2}.$$

Então, tomando a transformada de Laplace inversa

$$\mathscr{L}^{-1}\left[9\frac{1+\mathrm{e}^{-4s}}{s(s^2-6s+9)}\right] = 1 - \mathrm{e}^{3t} + 3t\,\mathrm{e}^{3t} + \\ + u_4(t)\left[1 - \mathrm{e}^{3(t-4)} + 3(t-4)\,\mathrm{e}^{3(t-4)}\right]$$

ou simplificando, na seguinte forma,

$$\mathscr{L}^{-1}[F(s)] = 1 + (3t-1)\,\mathrm{e}^{3t} + u_4(t)\left[1 + (3t-13)\,\mathrm{e}^{3(t-4)}\right].$$

Transformada de Laplace 139

Exercício 4.17. Use a transformada de Laplace para resolver o PVI

$$y'' - 6y' + 9y = 9 + 9u_4(t), \quad y(0) = 2, \quad y'(0) = 6.$$

Resolução. Aplicando a transformada de Laplace à equação diferencial, temos

$$s^2 Y(s) - sy(0) - y'(0) - 6[sY(s) - y(0)] + 9Y(s) = \frac{9}{s} + 9\frac{e^{-4s}}{s}.$$

Substituindo as condições iniciais, podemos escrever

$$(s^2 - 6s + 9)Y(s) - 2s + 6 = \frac{9}{s}(1 + e^{-4s})$$

e daí

$$Y(s) = \frac{9(1 + e^{-4s})}{s(s^2 - 6s + 9)} + \frac{2s - 6}{(s-3)^2} = \frac{9(1 + e^{-4s})}{s(s-3)^2} + \frac{2}{s-3}$$

e, portanto, utilizando o Exercício 4.16, segue-se

$$\begin{aligned} y(t) &= 1 + (3t - 1)\,e^{3t} + u_4(t)[1 + (3t - 13)\,e^{3(t-4)}] + 2\,e^{3t} \\ &= 1 + (3t + 1)\,e^{3t} + u_4(t)[1 + (3t - 13)\,e^{3(t-4)}]. \end{aligned}$$

Exercício 4.18. Se $y = y(t)$ é a solução do PVI

$$y'' + 2y' + 5y = 25t - \delta(t - \pi), \quad y(0) = -2 \quad y'(0) = 5$$

calcular $y(1)$ e $y(2\pi)$.

Resolução. Aplicando a transformada de Laplace à equação diferencial, temos

$$s^2 Y(s) - sy(0) - y'(0) + 2sY(s) - 2y(0) + 5Y(s) = \frac{25}{s^2} - e^{-\pi s}.$$

Então, isolando $Y(s)$ obtemos

$$Y(s) = \frac{25}{s^2(s^2+2s+5)} - \frac{e^{-\pi s}}{s^2+2s+5} + \frac{1-2s}{s^2+2s+5}.$$

Mas, utilizando frações parciais, podemos escrever

$$\frac{25}{s^2(s^2+2s+5)} = -\frac{2}{s} + \frac{5}{s^2} + \frac{2s-1}{s^2+2s+5}$$

de onde se segue

$$\begin{aligned} Y(s) &= -\frac{2}{s} + \frac{5}{s^2} + \frac{2s-1}{s^2+2s+5} - \\ &\quad - \frac{e^{-s\pi}}{s^2+2s+5} + \frac{1-2s}{s^2+2s+5} \\ &= -\frac{2}{s} + \frac{5}{s^2} - \frac{e^{-s\pi}}{s^2+2s+5}. \end{aligned}$$

Sabendo que

$$\mathscr{L}^{-1}\left[\frac{1}{s^2+2s+5}\right] = \frac{1}{2}\mathscr{L}^{-1}\left[\frac{2}{(s+1)^2+4}\right] = \frac{1}{2}e^{-t}\operatorname{sen}2t$$

podemos escrever

$$y(t) = -2 + 5t - \frac{1}{2}u_\pi(t)\,e^{-(t-\pi)}\operatorname{sen}2(t-\pi).$$

Logo, da expressão anterior se segue

$$y(1) = 3 \quad \text{e} \quad y(2\pi) = 10\pi - 2.$$

Exercício 4.19. Calcular a transformada de Laplace inversa

$$\mathscr{L}^{-1}\left[\arctan\left(\frac{3}{s+2}\right)\right] = f(t).$$

Resolução. Se $F(s) = \arctan\left(\dfrac{3}{s+2}\right)$ temos para a derivada

$$F'(s) = \frac{-3}{(s+2)^2 + 9}.$$

Então,

$$\mathscr{L}^{-1}[F'(s)] = \mathscr{L}^{-1}\left[\frac{-3}{(s+2)^2 + 9}\right] = -\,e^{-2t}\,\text{sen}\,3t.$$

Como $\mathscr{L}[tf(t)] = -F'(s)$ temos $-tf(t) = \mathscr{L}^{-1}[F'(s)]$.

Logo, podemos escrever $f(t) = \dfrac{e^{-2t}\,\text{sen}\,3t}{t}$.

Exercício 4.20. Se $\mathscr{L}[f(t)] = \dfrac{s}{(s+2)(s^2+9)}$ calcule as seguintes transformadas de Laplace:

 a) $\mathscr{L}[tf(t)]$,   b) $\mathscr{L}\left[\displaystyle\int_0^t f(u)\,du\right]$,

 c) $\mathscr{L}[e^{-3t}f(t)]$,   d) $\mathscr{L}[u_2(t)f(t-2)]$.

Resolução. Utilizando as propriedades das transformadas, podemos escrever diretamente

a) $\mathscr{L}[tf(t)] = -\dfrac{d}{ds}\left[\dfrac{s}{(s+2)(s^2+9)}\right] = \dfrac{2s^3+2s^2-18}{(s+2)^2(s^2+9)^2}$,

b) $\mathscr{L}\left[\displaystyle\int_0^t f(u)du\right] = \dfrac{1}{(s+2)(s^2+9)}$,

c) $\mathscr{L}[e^{-3t}f(t)] = \dfrac{s+3}{(s+5)(s^2+6s+18)}$,

d) $\mathscr{L}[u_2(t)f(t-2)] = \dfrac{e^{-2s}s}{(s+2)(s^2+9)}$.

Exercício 4.21. Usando a metodologia da transformada de Laplace, resolver a equação integral

$$f(t) = 3t^2 - e^{-t} - \int_0^t f(x)\, e^{t-x}dx.$$

Resolução. Aplicando a transformada de Laplace, temos

$$F(s) = \dfrac{6}{s^3} - \dfrac{1}{s+1} - \dfrac{F(s)}{s-1}.$$

Daí

$$\left(1 + \dfrac{1}{s-1}\right) F(s) = \dfrac{6}{s^3} - \dfrac{1}{s+1}$$

logo

$$F(s) = \dfrac{6(s-1)}{s^4} - \dfrac{s-1}{s(s+1)} = \dfrac{6}{s^3} - \dfrac{6}{s^4} + \dfrac{1}{s} - \dfrac{2}{s+1}$$

de onde se segue, tomando a transformada inversa

$$f(t) = 3t^2 - t^3 + 1 - 2\,e^{-t}$$

que é a solução da equação integral.

Exercício 4.22. a) Mostre que $\mathscr{L}\left[\dfrac{\operatorname{sen}^2 t}{t}\right] = \dfrac{1}{4}\ln\left(\dfrac{s^2+4}{s^2}\right)$.

b) Calcule $\displaystyle\int_0^\infty e^{-t}\dfrac{\operatorname{sen}^2 t}{t}\,dt$.

Resolução. a) Se $F(s) = \ln\left(\dfrac{s^2+4}{s^2}\right) = \ln(s^2+4) - \ln s^2$ então

$$F'(s) = \dfrac{2s}{s^2+4} - \dfrac{2s}{s^2} = \dfrac{2s}{s^2+4} - \dfrac{2}{s}.$$

Portanto, calculando a inversa, podemos escrever

$$\mathscr{L}^{-1}[F'(s)] = 2\cos 2t - 2.$$

Mas

$$\mathscr{L}[tf(t)] = -F'(s) \implies \mathscr{L}^{-1}[F'(s)] = -tf(t),$$

logo

$$f(t) = \dfrac{2 - 2\cos 2t}{t}.$$

Daí, se $G(s) = \dfrac{1}{4}\ln\left(\dfrac{s^2+4}{s^2}\right)$ então

$$g(t) = \dfrac{\frac{1}{2} - \frac{1}{2}\cos 2t}{t} = \dfrac{\operatorname{sen}^2 t}{t}$$

e provamos que

$$\mathscr{L}\left[\dfrac{\operatorname{sen}^2 t}{t}\right] = \dfrac{1}{4}\ln\left(\dfrac{s^2+4}{s^2}\right).$$

b) Com a notação da parte (a) segue-se

$$\int_0^\infty e^{-t}\dfrac{\operatorname{sen}^2 t}{t}\,dt = G(1) = \dfrac{1}{4}\ln 5.$$

Exercício 4.23. Se $\mathscr{L}[f(t)] = F(s)$ mostre que $\mathscr{L}^{-1}[s^2 F'(s) + f(0)] = -tf''(t) - 2f'(t)$.

Resolução. Se $g(t) = f'(t)$ e $h(t) = f''(t)$, temos

$$G(s) = \mathscr{L}[g(t)] = s\mathscr{L}[f(t)] - f(0) = sF(s) - f(0)$$

e

$$\begin{aligned} H(s) &= \mathscr{L}[h(t)] \\ &= s^2 \mathscr{L}[f(t)] - sf(0) - f'(0) = s^2 F(s) - sf(0) - f'(0). \end{aligned}$$

Daí

$$\mathscr{L}[-tf''(t) - 2f'(t)] = \mathscr{L}[-th(t) - 2g(t)] = -(-1)H'(s) - 2G(s) =$$

$$= 2sF(s) + s^2 F'(s) - f(0) - 2sF(s) + 2f(0) = s^2 F'(s) + f(0)$$

ou seja, $\mathscr{L}^{-1}[s^2 F'(s) + f(0)] = -tf''(t) - 2f'(t)$.

Exercício 4.24. Utilize a transformada de Laplace para obter uma solução particular para o PVI, isto é, equação diferencial

$$\frac{\mathrm{d}^2}{\mathrm{d}t^2} x(t) + x(t) = t^2$$

satisfazendo as condições iniciais $x(0) = 0 = x'(0)$.

Resolução. Sabendo que a transformada de Laplace da derivada segunda é

$$\mathscr{L}[x''(t)] = s^2 F(s) - sx(0) - x'(0)$$

substituímos na equação de modo que

$$s^2 F(s) + F(s) = \int_0^\infty t^2 \, \mathrm{e}^{-st} \, \mathrm{d}t.$$

Transformada de Laplace

Podemos calcular a integral no segundo membro utilizando integração por partes, porém, aqui, vamos simular uma derivada no parâmetro s de modo que podemos escrever

$$s^2 F(s) + F(s) = \frac{\partial^2}{\partial s^2} \int_0^\infty e^{-st}\,dt.$$

cuja integral fornece

$$s^2 F(s) + F(s) = \frac{\partial^2}{\partial s^2}\left(\frac{e^{-st}}{-s}\right)_0^\infty = \frac{2}{s^3}$$

de onde se segue

$$F(s) = \frac{2}{s^3(s^2+1)}.$$

Utilizando frações parciais podemos escrever

$$F(s) = -\frac{2}{s} + \frac{2}{s^3} + 2\frac{s}{s^2+1}$$

cuja inversa fornece

$$x(t) = -2 + t^2 + 2\cos t$$

que é a solução do PVI.

Exercício 4.25. Utilize a transformada de Laplace para resolver o PVI, isto é, a equação diferencial

$$\frac{d^2}{dt^2}x(t) + 4x(t) = e^{-2t}$$

satisfazendo as condições iniciais $x(0) = 0 = x'(0)$.

Resolução. Transformando a equação temos

$$s^2 F(s) - sx(0) - x'(0) + 4F(s) = \int_0^\infty e^{-t(s+2)}\,dt.$$

Utilizando as condições iniciais, calculando a integral no segundo membro e resolvendo a equação algébrica obtemos

$$F(s) = \frac{1}{(s+2)(s^2+4)}.$$

Usando frações parciais podemos escrever

$$F(s) = \frac{1/8}{s+2} - \frac{1}{8}\frac{s}{s^2+2^2} + \frac{1}{4}\frac{1}{s^2+2^2}$$

cuja inversa fornece

$$x(t) = \frac{e^{-2t}}{8} + \frac{1}{8}(\operatorname{sen} 2t - \cos 2t).$$

Exercício 4.26. Mostre que o PVI constituído por uma a equação diferencial de segunda ordem, linear e com coeficientes constantes

$$a\frac{d^2}{dx^2}y(x) + b\frac{d}{dx}y(x) + cy(x) = f(x)$$

com $a, b, c \in \mathbb{R}$, satisfazendo as condições iniciais $y(0) = A$ e $y'(0) = B$ com A e B constantes reais, quando resolvida via metodologia da transformada de Laplace é levada em uma equação algébrica. A função no segundo membro é considerada uma função bem comportada. Resolva a equação algébrica e discuta o problema da inversão.

Resolução. Sejam $Y(s)$ e $F(s)$ as transformadas de Laplace de $y(x)$ e $f(x)$, respectivamente, definidas por

$$\mathscr{L}[y(x)] = \int_0^\infty e^{-sx} y(x)\, dx \quad \text{e} \quad \mathscr{L}[f(x)] = \int_0^\infty e^{-sx} f(x)\, dx.$$

Tomando a transformada de Laplace em ambos os membros da equação diferencial podemos escrever

$$a[s^2Y(s) - sy(0) - y'(0)] + b[sY(s) - y(0)] + cY(s) = F(s)$$

ou ainda, utilizando as condições iniciais, na seguinte forma

$$a[s^2Y(s) - As - B] + b[sY(s) - A] + cY(s) = F(s)$$

que é uma equação algébrica para $Y(s)$ cuja solução é

$$Y(s) = \frac{(as+b)A + aB + F(s)}{as^2 + bs + c}.$$

A fim de recuperar a solução da equação diferencial inicial, devemos calcular a transformada inversa, isto é,

$$y(x) = \mathscr{L}^{-1}[Y(s)].$$

Exercício 4.27. Utilize a transformada de Laplace para resolver o PVI, composto pela equação diferencial

$$t^2 \frac{d^2}{dt^2} x(t) - 2x(t) = f_0$$

em que f_0 é constante e satisfazendo $x(0) = 0 = x'(0)$.

Resolução. Seja $\mathscr{L}[x(t)] = \int_0^\infty e^{-st} x(t)\, dt \equiv F(s)$ a transformada de Laplace de $x(t)$. Tomando a transformada de Laplace de ambos os membros da equação diferencial, podemos escrever,

$$\frac{d^2}{ds^2} \int_0^\infty e^{-st} \frac{d^2}{dt^2} x(t)\, dt - 2F(s) = \frac{f_0}{s}$$

ou ainda,
$$\frac{d^2}{ds^2}[s^2 F(s)] - 2F(s) = \frac{f_0}{s}$$
e, enfim, na seguinte forma
$$\frac{1}{s^2}\frac{d}{ds}\left(s^4 \frac{d}{ds} F(s)\right) = \frac{f_0}{s}.$$

Esta é uma equação redutível, integrando uma vez, obtemos a equação diferencial de primeira ordem
$$\frac{d}{ds} F(s) = \frac{f_0}{2s^2}$$
que, integrando novamente, fornece
$$F(s) = -\frac{f_0}{2s}.$$

A fim de recuperar a solução do PVI devemos calcular a transformada inversa, isto é,
$$\mathscr{L}^{-1}[F(s)] = -\frac{f_0}{2}\mathscr{L}^{-1}\left(\frac{1}{s}\right) = -\frac{f_0}{2}.$$

Exercício 4.28. Utilizando o resultado do Exercício 4.3, resolva a equação integral,
$$x(t) = 1 + \int_0^t x(\xi)\,d\xi.$$

Resolução. Esta equação é chamada integral pois a incógnita, $x(t)$, encontra-se sob o sinal de integração. Tomando a transformada de Laplace da equação integral, podemos escrever
$$\mathscr{L}[x(t)] = \mathscr{L}[1] + \mathscr{L}\left[\int_0^t x(\xi)\,d\xi\right].$$

Utilizando o resultado do Exercício 4.27, obtemos

$$F(s) = \frac{1}{s} + \frac{F(s)}{s}$$

que resolvido para $F(s)$ fornece

$$F(s) = \frac{1}{s-1}.$$

Calculando a transformada de Laplace inversa, temos

$$x(t) = e^t$$

que é a solução da equação integral.

Exercício 4.29. Converta a equação integral do Exercício 4.28 numa equação diferencial, integre-a e discuta o caso da constante arbitrária.

Resolução. Derivando a equação integral, em relação à variável t, obtemos a equação de primeira ordem $x'(t) = x(t)$. Esta é uma equação diferencial separável cuja integração fornece $x(t) = C\,e^t$ onde C é uma constante arbitrária. Note que da equação integral, essa já carrega a condição inicial, temos $x(0) = 1$ de onde se segue que $x(0) = C = 1$.

Exercício 4.30. Considere a equação diferencial ordinária de terceira ordem

$$y''' - 2y'' - y' + 2y = 0, \qquad y = y(x)$$

cuja solução satisfaz as condições $y(0) = y'(0) = y''(0) = 1$.
a) Obtenha a solução do PVI e b) Utilize a metodologia da transformada de Laplace para recuperar o resultado do item anterior.

Resolução. a) Visto que os coeficientes são constantes, vamos procurar a solução na forma $y(x) = e^{rx}$. Calculando as derivadas e substituindo na equação diferencial, obtemos a seguinte equação auxiliar $r^3 - 2r^2 - r + 2 = 0$ cujas raízes são $r_1 = 1$, $r_2 = -1$ e $r_3 = 2$.

Daí, obtemos a solução geral da equação

$$y(x) = C_1 e^x + C_2 e^{-x} + C_3 e^{2x}$$

com C_1, C_2 e C_3 constantes arbitrárias.

Impondo as condições $y(0 = y'(0) = y''(0) = 1$, obtemos o seguinte sistema de equações algébricas

$$\begin{cases} C_1 + C_2 + C_3 = 1 \\ C_1 - C_2 + 2C_3 = 1 \\ C_1 + C_2 + 4C_3 = 1 \end{cases}$$

cuja solução é $C_1 = 1$ e $C_2 = 0 = C_3$, de onde se segue que a solução do PVI é $y(x) = e^x$.

b) Seja $\mathscr{L}[y(x)] = F(s)$ a transformada de Laplace de $y(x)$. Calculando a transformada de Laplace da equação diferencial e rearranjando, podemos escrever, já resolvendo a equação algébrica para $F(s)$,

$$F(s) = \frac{(s^2 - 2s - 1)y(0) + (s - 2)y'(0) + y''(0)}{(s-1)(s+1)(s-2)}.$$

Substituindo as condições $y(0) = y'(0) = y''(0) = 1$ e simplificando, obtemos
$$F(s) = \frac{1}{s-1}$$
cuja inversa fornece $y(x) = e^x$ que é exatamente o resultado obtido no item anterior.

Exercício 4.31. Utilize a metodologia da transformada de Laplace para resolver o PVI, composto pelo sistema de equações diferenciais
$$\begin{cases} \dfrac{dy}{dt} + 2\dfrac{dx}{dt} = 1 \\ 2\dfrac{dy}{dt} + \dfrac{dx}{dt} = 5 \end{cases}$$
com $y = y(t)$ e $x = x(t)$ satisfazendo as condições iniciais $x(0) = 0 = y(0)$.

Resolução. Sejam $\mathscr{L}[y(t)] = F(s)$ e $\mathscr{L}[x(t)] = G(s)$. Calculando a transformada de Laplace nas duas equações do sistema de equações diferenciais, obtemos o seguinte sistema de equações algébricas
$$\begin{cases} sF + 2sG = \dfrac{1}{s} \\ 2sF + sG = \dfrac{5}{s} \end{cases}$$
com solução dada por
$$F(s) = \frac{3}{s^2} \quad \text{e} \quad G(s) = -\frac{1}{s^2}.$$

Calculando a respectiva transformada de Laplace inversa obtemos a solução do PVI, isto é,

$$\mathscr{L}^{-1}[F(s)] = y(t) \quad \text{e} \quad \mathscr{L}^{-1}[G(s)] = x(t)$$

de onde se segue, finalmente,

$$y(t) = 3t \quad \text{e} \quad x(t) = t.$$

A música é um exercício inconsciente de cálculo.
1646 – Gottfried Wilhelm von Leibniz – 1716

5

Sistemas de equações diferenciais ordinárias

Este capítulo aborda os sistemas de equações diferenciais compostos por equações diferenciais ordinárias, lineares tanto de primeira quanto de segunda ordens. Apresentamos exercícios que envolvem a metodologia de autovalores e autovetores, os chamados sistemas de Sturm-Liouville, utilizando, sempre que necessário, propriedades das matrizes.

A maioria dos exercícios está focada em problemas envolvendo apenas equações diferenciais ordinárias com coeficientes constantes de onde emergem os PVIs. Ainda mais, a grande maioria dos exercícios diz respeito a um sistema com duas equações diferenciais, apesar de a metodologia abordada poder se estender para sistemas com mais de duas equações diferenciais. São, enfim, abordados sistemas de equações diferenciais ordinárias lineares homogêneos e não homogêneos, através da metodologia da transformada de Laplace, conforme discutida no Capítulo 4.

Exercício 5.1. Sejam $x_1 = x_1(t)$ e $x_2 = x_2(t)$. Resolver o sistema

$$\begin{cases} x_1' = x_1 + 2x_2 \\ x_2' = 8x_1 + x_2 \end{cases}$$

pelo método de eliminação.

Resolução. Isolando x_2 na primeira das equações diferenciais, temos $x_2 = \frac{1}{2}(x_1' - x_1)$. Derivando esta expressão em relação a t, variável independente, temos $x_2' = \frac{1}{2}(x_1'' - x_1')$. Substituindo na segunda equação, obtemos

$$\frac{1}{2}x_1'' - \frac{1}{2}x_1' = 8x_1 + \frac{1}{2}x_1' - \frac{1}{2}x_1$$

ou seja $x_1'' - 2x_1' - 15x_1 = 0$ cuja solução é

$$x_1(t) = C_1 \, e^{-3t} + C_2 \, e^{5t}$$

com C_1 e C_2 constantes arbitrárias. Utilizando este resultado, podemos escrever

$$x_2(t) = \frac{1}{2}(x_1' - x_1) = -2C_1 \, e^{-3t} + 2C_2 \, e^{5t}.$$

Exercício 5.2. Resolver, por eliminação, o sistema

$$\begin{cases} x_1' = x_1 - x_2 + 4x_3 & (1) \\ x_2' = 3x_1 + 2x_2 - x_3 & (2) \\ x_3' = 2x_1 + x_2 - x_3. & (3) \end{cases}$$

Sistemas de EDO 155

Resolução. Somando as equações diferenciais (1) e (3), temos $(x_1 + x_3)' = 3(x_1 + x_3)$. Logo

$$x_1 + x_3 = C_1 \, e^{3t}$$

com C_1 uma constante arbitrária. Daí $x_3 = C_1 \, e^{3t} - x_1$ (4) e $x_3' = 3C_1 \, e^{3t} - x_1'$ (5). De (1), temos $x_2 = x_1 + 4x_3 - x_1'$ (6) e, então, $x_2' = x_1' + 4x_3' - x_1''$ (7). Fazendo (2) − (3), obtemos $x_2' - x_3' = x_1 + x_2$ (8). Usando (7), (5) e (6) em (8), temos

$$x_1' + 4[3C_1 \, e^{3t} - x_1'] - x_1'' - 3C_1 \, e^{3t} + x_1' = x_1 + x_1 + 4(C_1 \, e^{3t} - x_1) - x_1'.$$

Então,

$$x_1'' + x_1' - 2x_1 = 5C_1 \, e^{3t}$$

cuja solução é (certifique-se!)

$$x_1 = C_2 \, e^t + C_3 \, e^{-2t} + \frac{1}{2} C_1 \, e^{3t}$$

com C_2 e C_3, também, constantes arbitrárias.

De (4) obtemos

$$x_3(t) = \frac{1}{2} C_1 \, e^{3t} - C_2 \, e^t - C_3 \, e^{-2t}$$

e de (6) temos

$$x_2(t) = C_1 \, e^{3t} - 4C_2 \, e^t - C_3 \, e^{-2t}.$$

Exercício 5.3. Utilizando transformada de Laplace, resolva o sistema, com $y = y(t)$ e $z = z(t)$

$$\begin{cases} y'' + z + y = 0 \\ z' + y' = 0 \end{cases}$$

satisfazendo as condições $y(0) = y'(0) = 0$ e $z(0) = 1$.

Resolução. Aplicando a transformada de Laplace às equações diferenciais, temos

$$\begin{cases} s^2 Y(s) - sy(0) - y'(0) + Z(s) + Y(s) = 0 \\ sZ(s) - z(0) + sY(s) - y(0) = 0. \end{cases}$$

Utilizando as condições dadas, temos

$$\begin{cases} (s^2 + 1)Y(s) + Z(s) = 0 \\ sY(s) + sZ(s) = 1 \end{cases}$$

ou ainda, na seguinte forma

$$\begin{cases} (s^2 + 1)Y(s) + Z(s) = 0 \\ Y(s) + Z(s) = 1/s. \end{cases}$$

Subtraindo termo a termo, podemos escrever $s^2 Y(s) = -\frac{1}{s}$ logo $Y(s) = -\frac{1}{s^3}$. Calculando a transformada de Laplace inversa, temos

$$y(t) = \mathscr{L}^{-1}\left[-\frac{1}{s^3}\right] = -\frac{1}{2}t^2.$$

De $Y(s) + Z(s) = 1/s$, obtemos $Z(s) = 1/s + 1/s^3$ cuja inversa fornece

$$z(t) = 1 + \frac{1}{2}t^2.$$

Sistemas de EDO

Exercício 5.4. Sejam $y = y(t)$ e $z = z(t)$. Resolva o sistema
$$\begin{cases} y' + z' = t \\ y'' - z = e^t \end{cases}$$
satisfazendo as condições $y(0) = 3$, $y'(0) = z(0) = 0$.

Resolução. Aplicando a transformada de Laplace às equações diferenciais, obtemos
$$\begin{cases} sY(s) - y(0) + sZ(s) - z(0) = \dfrac{1}{s^2} \\ s^2 Y(s) - sy(0) - y'(0) - Z(s) = \dfrac{1}{s-1}. \end{cases}$$

Utilizando as condições dadas, temos
$$\begin{cases} sY(s) - 3 + sZ(s) = \dfrac{1}{s^2} \\ s^2 Y(s) - 3s - Z(s) = \dfrac{1}{s-1}. \end{cases}$$

Multiplicando a primeira destas equações por $-s$ e somando termo a termo, segue-se
$$-(s^2 + 1)Z(s) = -\frac{1}{s} + \frac{1}{s-1}.$$

Daí
$$Z(s) = \frac{1}{s(s^2+1)} - \frac{1}{(s-1)(s^2+1)}.$$

Decompondo em frações parciais temos
$$Z(s) = \frac{1}{s} - \frac{s}{s^2+1} - \frac{1/2}{s-1} + \frac{s/2}{s^2+1} + \frac{1/2}{s^2+1}.$$

Logo, calculando a transformada de Laplace inversa, temos
$$z(t) = 1 - \cos t - \frac{1}{2} e^t + \frac{1}{2} \cos t + \frac{1}{2} \operatorname{sen} t$$

ou ainda, na seguinte forma

$$z(t) = 1 - \frac{1}{2}\cos t + \frac{1}{2}\operatorname{sen} t - \frac{1}{2}e^t.$$

De $sY(s) - 3 + sZ(s) = 1/s^2$, temos

$$sY(s) = \frac{1}{s^2} + 3 - s\left(\frac{1}{s} - \frac{s}{s^2+1} - \frac{1/2}{s-1} + \frac{s/2 + 1/2}{s^2+1}\right)$$

ou ainda, na seguinte forma

$$Y(s) = \frac{1}{s^3} + \frac{3}{s} - \frac{1}{s} + \frac{s}{s^2+1} + \frac{1/2}{s-1} - \frac{s/2+1/2}{s^2+1}$$

de onde, calculando a transformada de Laplace inversa, temos

$$y(t) = 2 + \frac{t^2}{2} + \frac{1}{2}e^t + \frac{1}{2}\cos t - \frac{1}{2}\operatorname{sen} t.$$

Exercício 5.5. Utilizando autovalores e autovetores, encontre a solução do sistema

$$x' = Ax \quad \text{onde} \quad A = \begin{bmatrix} -2 & 1 \\ 1 & -2 \end{bmatrix}.$$

Resolução. O polinômio característico da matriz A é

$$\det(A - rI) = \begin{vmatrix} -2-r & 1 \\ 1 & -2-r \end{vmatrix} = r^2 + 4r + 3$$

cujas raízes são $r_1 = -1$ e $r_2 = -3$.

Os autovetores associados a $r_1 = -1$ têm a forma

$$x \begin{pmatrix} 1 \\ 1 \end{pmatrix}$$

enquanto que os autovetores associados a $r_2 = -3$ têm a forma (verifique!)
$$x \begin{pmatrix} 1 \\ -1 \end{pmatrix}.$$
Portanto, a solução geral do sistema é
$$x(t) = C_1 \begin{pmatrix} 1 \\ 1 \end{pmatrix} e^{-t} + C_2 \begin{pmatrix} 1 \\ -1 \end{pmatrix} e^{-3t}$$
com C_1 e C_2 constantes arbitrárias.

Exercício 5.6. Encontre a solução real do sistema, com $x = x(t)$,
$$x' = Ax \quad \text{onde} \quad A = \begin{bmatrix} -1 & 1 \\ -4 & -1 \end{bmatrix}.$$

Resolução. O polinômio característico da matriz A é
$$\det(A - rI) = \begin{vmatrix} -1-r & 1 \\ -4 & -1-r \end{vmatrix} = r^2 + 2r + 5.$$
Logo, os autovalores são $r_1 = -1 + 2i$ e $r_2 = -1 - 2i$. Os autovetores associados a $r_1 = -1 + 2i$ têm a forma (verifique!)
$$\begin{pmatrix} x \\ 2xi \end{pmatrix}.$$
Então, uma solução complexa é $x(t) = \begin{pmatrix} 1 \\ 2i \end{pmatrix} e^{(-1+2i)t}$. Separando a parte real e a parte imaginária, temos
$$x(t) = \begin{pmatrix} e^{-t} \cos 2t \\ -2 e^{-t} \operatorname{sen} 2t \end{pmatrix} + i \begin{pmatrix} e^{-t} \operatorname{sen} 2t \\ 2 e^{-t} \cos 2t \end{pmatrix}.$$
Logo, a solução geral real é
$$x(t) = C_1 e^{-t} \begin{pmatrix} \cos 2t \\ -2 \operatorname{sen} 2t \end{pmatrix} + C_2 e^{-t} \begin{pmatrix} \operatorname{sen} 2t \\ 2 \cos 2t \end{pmatrix}.$$

Exercício 5.7. Considere o sistema $x' = Ax$ com $x = x(t)$ e onde $A \in M_{2\times 2}(\mathbb{R})$ admita um único autovalor r. Mostre que uma segunda solução desse sistema tem a forma

$$x(t) = v\,t\,\mathrm{e}^{rt} + u\,\mathrm{e}^{rt}$$

onde v é o autovetor associado ao autovalor r e $(A-rI)u = v$.

Resolução. Se $x(t) = v\,t\,\mathrm{e}^{rt} + u\,\mathrm{e}^{rt}$, derivando temos

$$x' = v(rt\,\mathrm{e}^{rt} + \mathrm{e}^{rt}) + r\,u\,\mathrm{e}^{rt}.$$

Substituindo no sistema, temos

$$vrt\,\mathrm{e}^{rt} + v\,\mathrm{e}^{rt} + r\,u\,\mathrm{e}^{rt} = Avt\,\mathrm{e}^{rt} + Au\,\mathrm{e}^{rt}.$$

Como $Av = rv$, então $Au = v + ru$. Logo, segue-se o resultado desejado $(A - rI)u = v$, pois se v é autovetor associado ao autovalor r, então $Av = rv$.

Exercício 5.8. Resolva o sistema $x' = Ax$ com $x = x(t)$ e

$$A = \begin{bmatrix} 3 & -4 \\ 1 & -1 \end{bmatrix}.$$

Resolução. O polinômio característico associado à matriz A é: $r^2 - 2r + 1$. Logo, A admite um único autovalor, $r = 1$. Os autovetores associados a $r = 1$ têm a forma

$$x\begin{pmatrix} 2 \\ 1 \end{pmatrix}.$$

Logo, uma solução do sistema é

$$x^{(1)}(t) = \begin{pmatrix} 2 \\ 1 \end{pmatrix} e^t.$$

Outra solução desse sistema deve ter a forma

$$x^{(2)}(t) = \begin{pmatrix} 2 \\ 1 \end{pmatrix} t\,e^t + u\,e^t$$

em que

$$(A - I)u = \begin{pmatrix} 2 \\ 1 \end{pmatrix}.$$

Resolvendo esse sistema, temos

$$u = \begin{pmatrix} 1 + 2u_2 \\ u_2 \end{pmatrix}.$$

Então, a solução geral do sistema é

$$x(t) = C_1 \begin{pmatrix} 2 \\ 1 \end{pmatrix} e^t + C_2 \left[\begin{pmatrix} 2 \\ 1 \end{pmatrix} t\,e^t + \begin{pmatrix} 1 \\ 0 \end{pmatrix} e^t \right].$$

Exercício 5.9. Considere o sistema $x' = Ax$ com $x = x(t)$ e

$$A = \begin{bmatrix} 1 & \alpha \\ 3 & 7 \end{bmatrix}.$$

a) Determine o valor de $\alpha \in \mathbb{R}$ para que A tenha um único autovalor.

b) Dê a solução geral do sistema para esse valor de α.

Resolução. a) O polinômio característico da matriz A é:

$$\det(A - rI) = \begin{vmatrix} 1 - r & \alpha \\ 3 & 7 - r \end{vmatrix} = r^2 - 8r + (7 - 3\alpha).$$

Para que só exista uma raiz, devemos ter $\Delta = 0$, de onde se segue $\alpha = -3$. Logo, para $\alpha = -3$, o autovalor é $r = 4$.

b) Autovetores associados ao autovalor $r = 4$ têm a forma

$$x \begin{pmatrix} 1 \\ -1 \end{pmatrix}.$$

Então

$$x^{(1)}(t) = \begin{pmatrix} 1 \\ -1 \end{pmatrix} e^{4t} \quad \text{e} \quad x^{(2)}(t) = \begin{pmatrix} 1 \\ -1 \end{pmatrix} t\, e^{4t} + u\, e^{4t}$$

em que

$$(A - 4I)u = \begin{pmatrix} 1 \\ -1 \end{pmatrix}.$$

Logo

$$u = \begin{pmatrix} -1/3 - u_2 \\ u_2 \end{pmatrix}.$$

e, tomando $u_2 = 0$, podemos escrever

$$x(t) = C_1 \begin{pmatrix} 1 \\ -1 \end{pmatrix} e^{4t} + C_2 \left[\begin{pmatrix} 1 \\ -1 \end{pmatrix} t\, e^{4t} + \begin{pmatrix} -1/3 \\ 0 \end{pmatrix} e^{4t} \right].$$

Exercício 5.10. Encontre a solução geral de $x' = Ax$ com $x = x(t)$ e

$$A = \begin{pmatrix} 3 & 1 & -1 \\ 1 & 3 & -1 \\ 3 & 3 & -1 \end{pmatrix}.$$

Resolução. O polinômio característico da matriz é

$$\det(A - rI) = \begin{vmatrix} 3-r & 1 & -1 \\ 1 & 3-r & -1 \\ 3 & 3 & -1-r \end{vmatrix} = -r^3 + 5r^2 - 8r + 4.$$

Sistemas de EDO

Logo, os autovalores são $r_1 = 1$ e $r_2 = r_3 = 2$. Os autovetores associados ao autovalor $r_1 = 1$ têm a forma

$$x \begin{pmatrix} 1 \\ 1 \\ 3 \end{pmatrix}$$

enquanto que os autovetores associados a $r_2 = r_3 = 2$ têm a forma (verifique!)

$$\begin{pmatrix} x \\ y \\ x+y \end{pmatrix}.$$

Logo, a solução geral do sistema dado é

$$x(t) = C_1 \begin{pmatrix} 1 \\ 1 \\ 3 \end{pmatrix} e^t + C_2 \begin{pmatrix} 1 \\ 0 \\ 1 \end{pmatrix} e^{2t} + C_3 \begin{pmatrix} 0 \\ 1 \\ 1 \end{pmatrix} e^{2t}$$

com C_1, C_2 e C_3 constantes arbitrárias.

Exercício 5.11. Encontre a solução do sistema $x' = Ax$, que satisfaz

$$x(0) = \begin{pmatrix} -1 \\ 2 \\ -30 \end{pmatrix}$$

em que

$$A = \begin{pmatrix} 1 & 0 & 0 \\ -4 & 1 & 0 \\ 3 & 6 & 2 \end{pmatrix}.$$

Resolução. O polinômio característico associado à matriz A é $p(r) = (1-r)^2(2-r)$. Os autovetores associados a $r_1 = r_2 = 1$ têm a forma

$$\begin{pmatrix} 0 \\ y \\ -6y \end{pmatrix}.$$

Então, uma solução desse sistema é

$$x^{(1)}(t) = \begin{pmatrix} 0 \\ 1 \\ -6 \end{pmatrix} e^t.$$

Como $r = 1$ é autovalor de multiplicidade dois, com um único autovetor LI, uma segunda solução tem a forma

$$x^{(2)}(t) = \begin{pmatrix} 0 \\ 1 \\ -6 \end{pmatrix} t\,e^t + \begin{pmatrix} u_1 \\ u_2 \\ u_3 \end{pmatrix} e^t$$

em que

$$(A - 1 \cdot I) \begin{pmatrix} u_1 \\ u_2 \\ u_3 \end{pmatrix} = \begin{pmatrix} 0 \\ 1 \\ -6 \end{pmatrix}.$$

Resolvendo esse sistema, obtemos

$$\begin{pmatrix} u_1 \\ u_2 \\ u_3 \end{pmatrix} = \begin{pmatrix} -1/4 \\ u_2 \\ -21/4 - 6u_2 \end{pmatrix}.$$

Escolhendo $u_2 = 0$, temos

$$x^{(2)}(t) = \begin{pmatrix} 0 \\ 1 \\ -6 \end{pmatrix} t\,e^t + \begin{pmatrix} -1/4 \\ 0 \\ -21/4 \end{pmatrix} e^t.$$

Os autovetores associados a $r_3 = 2$ têm a forma

$$z \begin{pmatrix} 0 \\ 0 \\ 1 \end{pmatrix}.$$

Logo,

$$x^{(3)}(t) = \begin{pmatrix} 0 \\ 0 \\ 1 \end{pmatrix} e^{2t}.$$

e a solução geral do sistema é

$$x(t) = C_1 \begin{pmatrix} 0 \\ 1 \\ -6 \end{pmatrix} e^t + C_2 \left[\begin{pmatrix} 0 \\ 1 \\ -6 \end{pmatrix} te^t + \begin{pmatrix} -1/4 \\ 0 \\ -21/4 \end{pmatrix} e^t \right] +$$

$$+ C_3 \begin{pmatrix} 0 \\ 0 \\ 1 \end{pmatrix} e^{2t},$$

com C_1, C_2 e C_3 constantes arbitrárias. Como

$$x(0) = \begin{pmatrix} -1 \\ 2 \\ -30 \end{pmatrix}$$

temos para as constantes $C_1 = 2$, $C_2 = 4$ e $C_3 = 3$.

Exercício 5.12. Considere o sistema $x' = Ax$ no qual $A \in M_{3\times 3}(\mathbb{R})$ e r é o único autovalor de A. Mostre que, se existe um único autovetor LI associado a r, então a terceira solução para o sistema deve ter a forma

$$x(t) = v\frac{t^2}{2}e^{rt} + ute^{rt} + we^{rt}$$

em que $(A - rI)v = 0$, $(A - rI)u = v$ e $(A - rI)w = u$.

Resolução. Sabemos que $x^{(1)}(t) = ve^{rt}$ é solução do sistema, onde $(A - rI)v = 0$. Também sabemos que

$$x^{(2)}(t) = vte^{rt} + ue^{rt}$$

é outra solução, onde $(A - rI)u = v$. Suponha que

$$x(t) = v\frac{t^2}{2}e^{rt} + ute^{rt} + we^{rt}$$

é solução. Então, derivando, obtemos

$$x' = v\left(\frac{t^2}{2}re^{rt} + te^{rt}\right) + u\left(tre^{rt} + e^{rt}\right) + wre^{rt}.$$

Substituindo no sistema, temos

$$v\frac{t^2}{2}re^{rt} + tve^{rt} + utre^{rt} + ue^{rt} + wre^{rt} = A\left(v\frac{t^2}{2}e^{rt} + ute^{rt} + we^{rt}\right).$$

Comparando os coeficientes das potências de t, temos

$$Av = rv, \quad v + ru = Au \quad \text{e} \quad u + rw = Aw$$

ou seja,

$$(A - rI)v = 0, \quad (A - rI)u = v \quad \text{e} \quad (A - rI)w = u.$$

Exercício 5.13. Encontre a solução geral do sistema $x' = Ax$ com $x = x(t)$ e

$$A = \begin{pmatrix} 1 & 1 & 1 \\ 2 & 1 & -1 \\ -3 & 2 & 4 \end{pmatrix}.$$

Resolução. O polinômio característico associado à matriz A é (verifique!)

$$p(r) = -(r - 2)^3.$$

Os autovalores associados a $r = 2$ têm a forma
$$\begin{pmatrix} 0 \\ y \\ -y \end{pmatrix}.$$

Então,
$$x^{(1)}(t) = \begin{pmatrix} 0 \\ 1 \\ -1 \end{pmatrix} e^{2t}$$

e
$$x^{(2)}(t) = \begin{pmatrix} 0 \\ 1 \\ -1 \end{pmatrix} t\,e^{2t} + u e^{2t}$$

em que
$$(A - 2I)u = \begin{pmatrix} 0 \\ 1 \\ -1 \end{pmatrix}.$$

Resolvendo esse sistema, encontramos $u = \begin{pmatrix} 1 \\ u_2 \\ 1 - u_2 \end{pmatrix}$.

Escolhendo $u_2 = 0$, temos
$$x^{(2)}(t) = \begin{pmatrix} 0 \\ 1 \\ -1 \end{pmatrix} t\,e^{2t} + \begin{pmatrix} 1 \\ 0 \\ 1 \end{pmatrix} e^{2t}.$$

Finalmente,
$$u^{(3)}(t) = \begin{pmatrix} 0 \\ 1 \\ -1 \end{pmatrix} \frac{t^2}{2} e^{2t} + \begin{pmatrix} 1 \\ 0 \\ 1 \end{pmatrix} t\,e^{2t} + w e^{2t}$$

em que
$$(A - 2I)w = \begin{pmatrix} 1 \\ 0 \\ 1 \end{pmatrix}$$

cuja solução é
$$w = \begin{pmatrix} 1 \\ w_2 \\ 2 - w_2 \end{pmatrix}.$$

Portanto,

$$x^{(3)} = \begin{pmatrix} 0 \\ 1 \\ -1 \end{pmatrix} \frac{t^2}{2} e^{2t} + \begin{pmatrix} 1 \\ 0 \\ 1 \end{pmatrix} t e^{2t} + \begin{pmatrix} 1 \\ 0 \\ 2 \end{pmatrix} e^{2t}$$

e

$$x(t) = C_1 x^{(1)}(t) + C_2 x^{(2)}(t) + C_3 x^{(3)}(t)$$

com C_1, C_2 e C_3 constantes arbitrárias, é a solução geral do sistema.

Exercício 5.14. Considere o sistema $x' = Ax$ em que $A \in M_{3 \times 3}(\mathbb{R})$ admite um único autovalor r, associado a dois autovetores LI, v_1 e v_2. Mostre que

$$x(t) = vt e^{rt} + u e^{rt}$$

também será solução se $(A - rI)v = 0$ e $(A - rI)u = v$ tiver solução para u.

Resolução. Sabemos que $x^{(1)}(t) = v_1 e^{rt}$ e $x^{(2)}(t) = v_2 e^{rt}$ são soluções. Se $x(t) = vt e^{rt} + u e^{rt}$, temos $x' = v(tr e^{rt} + e^{rt}) + ru e^{rt}$. Substituindo no sistema, podemos escrever

$$vtr e^{rt} + v e^{rt} + ru e^{rt} = Avt e^{rt} + Au e^{rt}.$$

Então $Av = rv$ e $Au = ru + v$. O sistema $(A - rI)u = v$ terá solução não trivial para u se v tiver a forma $v = \alpha v_1 + \beta v_2$ com α e β constantes convenientes.

Exercício 5.15. Encontre a solução do sistema linear $x' = Ax$ com $x = x(t)$ e
$$A = \begin{pmatrix} 5 & -3 & -2 \\ 8 & -5 & -4 \\ -4 & 3 & 3 \end{pmatrix}.$$

Resolução. O polinômio característico associado à matriz A é $p(r) = -(r-1)^3$. Os autovetores para $r = 1$ têm a forma
$$\begin{pmatrix} x \\ y \\ 2x - 3y/2 \end{pmatrix}.$$

Então,
$$x^{(1)}(t) = \begin{pmatrix} 1 \\ 0 \\ 2 \end{pmatrix} e^t \quad \text{e} \quad x^{(2)}(t) = \begin{pmatrix} 0 \\ 2 \\ -3 \end{pmatrix} e^t.$$

Considere,
$$v = \alpha \begin{pmatrix} 1 \\ 0 \\ 2 \end{pmatrix} + \beta \begin{pmatrix} 0 \\ 2 \\ -3 \end{pmatrix}.$$

Daí, $(A - 1 \cdot I)u = v$ nos leva ao seguinte sistema
$$\begin{cases} 4u_1 - 3u_2 - 2u_3 &= \alpha \\ 8u_1 - 6u_2 - 4u_3 &= 2\beta \\ -4u_1 + 3u_2 + 2u_3 &= 2\alpha - 3\beta. \end{cases}$$

Para que esse sistema tenha solução não trivial, devemos ter
$\alpha = \beta$. Para $\alpha = \beta = 1$ temos

$$u = \begin{pmatrix} u_1 \\ u_2 \\ 2u_1 - 3u_2/2 - 1/2 \end{pmatrix}.$$

Escolhendo $u_1 = u_2 = 0$, temos

$$u = \begin{pmatrix} 0 \\ 0 \\ -1/2 \end{pmatrix}.$$

de onde se segue

$$x^{(3)}(t) = \begin{pmatrix} 1 \\ 2 \\ -1 \end{pmatrix} t\,e^t + \begin{pmatrix} 0 \\ 0 \\ -1/2 \end{pmatrix} e^t.$$

Exercício 5.16. Encontre a solução geral do sistema $tx' = Ax$ em que

$$A = \begin{pmatrix} 2 & -1 \\ 3 & -2 \end{pmatrix}$$

com $x = x(t)$ e $t > 0$.

Resolução. Trata-se de um sistema de Euler. Uma solução terá a forma $x(t) = vt^r$ onde r é o autovalor de A, associado ao autovetor v. Como o polinômio característico da matriz A é $p(r) = r^2 - 1$ os autovalores são $r_1 = 1$ e $r_2 = -1$, com autovetores associados da forma

$$x\begin{pmatrix} 1 \\ 1 \end{pmatrix} \quad \text{e} \quad x\begin{pmatrix} 1 \\ 3 \end{pmatrix}$$

respectivamente.

Sistemas de EDO

Então, a solução geral do sistema é

$$x(t) = C_1 \begin{pmatrix} 1 \\ 1 \end{pmatrix} t + C_2 \begin{pmatrix} 1 \\ 3 \end{pmatrix} t^{-1}$$

com C_1 e C_2 constantes arbitrárias.

Exercício 5.17. Encontre a solução geral real do sistema $tx' = Ax$ com $x = x(t)$, $t > 0$ e

$$A = \begin{pmatrix} -1 & -1 \\ 2 & -1 \end{pmatrix}.$$

Resolução. O polinômio característico associado à matriz A é $p(r) = r^2 + 2r + 3$ com raízes $r_1 = -1 + \sqrt{2}i$ e $r_2 = -1 - \sqrt{2}i$. Os autovetores associados a $r_1 = -1 + \sqrt{2}i$ têm a forma

$$\begin{pmatrix} x \\ -\sqrt{2}xi \end{pmatrix}.$$

Uma solução complexa é

$$x(t) = \begin{pmatrix} 1 \\ -\sqrt{2}i \end{pmatrix} t^{-1+\sqrt{2}i}$$

$$= \begin{pmatrix} 1 \\ -\sqrt{2}i \end{pmatrix} t^{-1} \left[\cos(\sqrt{2}\ln t) + i\,\text{sen}\,(\sqrt{2}\ln t) \right].$$

Separando as partes real e imaginária, escrevemos a solução geral real

$$tx(t) = C_1 \begin{pmatrix} \cos(\sqrt{2}\ln t) \\ \sqrt{2}\,\text{sen}\,(\sqrt{2}\ln t) \end{pmatrix} + C_2 \begin{pmatrix} \text{sen}\,(\sqrt{2}\ln t) \\ -\sqrt{2}\cos(\sqrt{2}\ln t) \end{pmatrix}$$

com C_1 e C_2 constantes arbitrárias.

Exercício 5.18. Considere o sistema $tx' = Ax$ com $t > 0$ e onde $A \in M_{2\times 2}(\mathbb{R})$ admite um único autovalor r associado a um único autovetor LI. Mostre que uma segunda solução para o sistema é
$$x(t) = vt^r \ln t + ut^r$$
onde $(A - rI)v = 0$ e $(A - rI)u = v$.

Resolução. Se $x = vt^r \ln t + ut^r$ temos
$$x' = v[t^{r-1} + r(\ln t)t^{r-1}] + urt^{r-1}.$$

Substituindo no sistema, podemos escrever
$$vt^r + r(\ln t)vt^r + urt^r = Avt^r \ln t + Aut^r$$

e daí $(A - rI)v = 0$ e $(A - rI)u = v$.

Exercício 5.19. Resolver o sistema $tx' = Ax$ para $t > 0$, $x = x(t)$ e
$$A = \begin{pmatrix} 1 & -1 \\ 1 & 3 \end{pmatrix}.$$

Resolução. O polinômio característico associado à matriz A é $p(r) = (r-2)^2$. Os autovetores associados a $r = 2$ têm a forma
$$x \begin{pmatrix} 1 \\ -1 \end{pmatrix}.$$

Então
$$x^{(1)}(t) = \begin{pmatrix} 1 \\ -1 \end{pmatrix} t^2$$

Sistemas de EDO 173

e
$$x^{(2)}(t) = \begin{pmatrix} 1 \\ -1 \end{pmatrix} t^2 \ln t + ut^2$$

onde $(A - 2I)u = v$. Resolvendo esse último, sistema, temos

$$u = \begin{pmatrix} -1 - u_2 \\ u_2 \end{pmatrix}$$

e para $u_2 = 0$, temos

$$x^{(2)}(t) = \begin{pmatrix} 1 \\ -1 \end{pmatrix} t^2 \ln t + \begin{pmatrix} -1 \\ 0 \end{pmatrix} t^2.$$

Finalmente, a solução geral é dada por

$$x(t) = C_1 x^{(1)}(t) + C_2 x^{(2)}(t)$$

com C_1 e C_2 constantes arbitrárias.

Exercício 5.20. Resolver o sistema $x' = Ax + g(t)$ com $x = x(t)$,

$$A = \begin{pmatrix} 1 & 1 \\ 4 & -2 \end{pmatrix} \quad \text{e} \quad g(t) = \begin{pmatrix} e^{-2t} \\ -2e^t \end{pmatrix}$$

usando autovalores e autovetores para resolver o sistema homogêneo associado e o método de variação de parâmetros para encontrar a solução particular do sistema não homogêneo.

Resolução. O polinômio característico associado à matriz A é $p(r) = r^2 + r - 6$. Logo, os autovalores são $r_1 = 2$ e $r_2 = -3$. Os autovetores para r_1 e r_2 têm a forma, respectivamente,

$$x \begin{pmatrix} 1 \\ 1 \end{pmatrix} \quad \text{e} \quad x \begin{pmatrix} 1 \\ -4 \end{pmatrix}.$$

Então
$$x_h(t) = \begin{pmatrix} 1 \\ 1 \end{pmatrix} e^{2t} + \begin{pmatrix} 1 \\ -4 \end{pmatrix} e^{-3t}.$$

Assim, a matriz fundamental do sistema homogêneo é
$$\Psi(t) = \begin{pmatrix} e^{2t} & e^{-3t} \\ e^{2t} & -4e^{-3t} \end{pmatrix}.$$

Vamos procurar uma solução particular para o sistema não homogêneo. Seja $x_p(t) = \Psi(t)u(t)$ onde $u'(t) = \Psi^{-1}(t) \cdot g(t)$.

Como
$$\Psi^{-1}(t) = \frac{1}{5} \begin{pmatrix} 4e^{-2t} & e^{-2t} \\ e^{3t} & -e^{3t} \end{pmatrix} \quad \text{e} \quad g(t) = \begin{pmatrix} e^{-2t} \\ -2e^t \end{pmatrix}$$

temos
$$u'(t) = \begin{pmatrix} \frac{4}{5}e^{-4t} - \frac{2}{5}e^{-t} \\ \frac{1}{5}e^t + \frac{2}{5}e^{4t} \end{pmatrix}$$

e daí
$$u(t) = \begin{pmatrix} -\frac{1}{5}e^{-4t} + \frac{2}{5}e^{-t} \\ \frac{1}{5}e^t + \frac{1}{10}e^{4t} \end{pmatrix}.$$

Então, obtemos para a solução particular do sistema não homogêneo (verifique!)
$$x_p(t) = \begin{pmatrix} \frac{1}{2}e^t \\ -e^{-2t} \end{pmatrix}.$$

A solução geral do sistema é
$$x(t) = C_1 \begin{pmatrix} 1 \\ 1 \end{pmatrix} e^{2t} + C_2 \begin{pmatrix} 1 \\ -4 \end{pmatrix} e^{-3t} + \begin{pmatrix} \frac{1}{2}e^t \\ -e^{-2t} \end{pmatrix}$$

com C_1 e C_2 constantes arbitrárias.

Exercício 5.21. Encontre a solução geral do sistema

$$tx' = \begin{pmatrix} 2 & -1 \\ 3 & -2 \end{pmatrix} x + \begin{pmatrix} 1 - t^2 \\ 2t \end{pmatrix}$$

com $x = x(t)$ e $t > 0$.

Resolução. A solução do sistema homogêneo associado foi encontrada no Exercício 5.16

$$x(t) = C_1 \begin{pmatrix} 1 \\ 1 \end{pmatrix} t + C_2 \begin{pmatrix} 1 \\ 3 \end{pmatrix} t^{-1}$$

com C_1 e C_2 constantes arbitrárias. Uma solução particular do sistema não homogêneo é $x_p(t) = \Psi(t)u(t)$ onde

$$\Psi(t) = \begin{pmatrix} t & t^{-1} \\ t & 3t^{-1} \end{pmatrix} \quad \text{e} \quad u'(t) = \Psi^{-1}(t) \begin{pmatrix} t^{-1} - t \\ 2 \end{pmatrix}.$$

Então, podemos escrever

$$u'(t) = \frac{1}{2} \begin{pmatrix} 3t^{-1} & -t^{-1} \\ -t & t \end{pmatrix} \cdot \begin{pmatrix} t^{-1} - t \\ 2 \end{pmatrix} = \begin{pmatrix} \frac{3}{2t^2} - \frac{3}{2} - \frac{1}{t} \\ -\frac{1}{2} + \frac{t^2}{2} + t \end{pmatrix}$$

e daí

$$u(t) = \begin{pmatrix} -\dfrac{3}{2t} - \dfrac{3t}{2} - \ln t \\ -\dfrac{t}{2} + \dfrac{t^3}{6} + \dfrac{t^2}{2} \end{pmatrix}.$$

Finalmente uma solução particular é dada por

$$x_p(t) = \begin{pmatrix} -2 + \dfrac{t}{2} - \dfrac{4t^2}{3} - t \ln t \\ -3 + \dfrac{3t}{2} - t^2 - t \ln t \end{pmatrix}$$

e $x(t) = x_h(t) + x_p(t)$.

Exercício 5.22. Considere o PVI composto pelo sistema de equações

$$\begin{cases} x'' + x + y = 0 \\ 3x' - y' = 0 \end{cases}$$

com $x = x(t)$ e $y = y(t)$ e pelas condições $x(0) = 0 = x'(0)$ e $y(0) = 1$.

a) Resolva o PVI utilizando a metodologia da transformada de Laplace e b) Recupere o resultado do item anterior, resolvendo uma equação diferencial de terceira ordem.

Resolução. a) Sejam $\mathscr{L}[x(t)] = F(s)$ e $\mathscr{L}[y(t)] = G(s)$ as transformadas de Laplace das funções $x(t)$ e $y(t)$, respectivamente. Calculando a transformada de Laplace das duas equações diferenciais, podemos escrever

$$\begin{cases} s^2 F(s) - sx(0) - x'(0) + F(s) + G(s) = 0 \\ 3sF(s) - 3x(0) - [sG(s) - y(0)] = 0 \end{cases}$$

que, após utilizarmos as condições iniciais, fornece o sistema linear

$$\begin{cases} (s^2 + 1)F(s) + G(s) = 0 \\ 3F(s) - G(s) = -\dfrac{1}{s} \end{cases}$$

cuja solução é dada por

$$F(s) = -\frac{1/4}{s} + \frac{s/4}{s^2 + 4} \qquad \text{e} \qquad G(s) = \frac{1/4}{s} + \frac{3s/4}{s^2 + 4}.$$

Calculando a transformada de Laplace inversa obtemos, respectivamente,

$$x(t) = -\frac{\operatorname{sen}^2 t}{2} \qquad \text{e} \qquad y(t) = -\frac{\operatorname{sen}^2 t}{2} + \cos^2 t$$

que representa a solução do PVI.

Sistemas de EDO

b) A fim de obtermos uma equação de ordem três, derivamos a primeira equação do sistema e substituímos a segunda para $y'(t)$, logo

$$x''' + x' + 3x' = x''' + 4x' = 0.$$

Visto que é uma equação diferencial com coeficientes constantes, procuramos soluções na forma $x(t) = e^{rt}$ o que nos fornece a seguinte equação auxiliar $r''' + 4r' = 0$ cujas raízes são $r_1 = 0$, $r_2 = 2$ e $r_3 = -2$. Com estas raízes, a solução geral da equação diferencial de terceira ordem é dada por

$$x(t) = C_1 + C_2 e^{2t} + C_3 e^{-2t}$$

em que C_1, C_2 e C_3 são constantes arbitrárias.

A fim de determinarmos as constantes, utilizamos as condições iniciais dadas em $x(t)$ de onde se segue o sistema linear

$$\begin{cases} C_1 + C_2 + C_3 &= 0 \\ C_2 - C_3 &= 0. \end{cases}$$

Note que este sistema é indeterminado. Expressando C_1 e C_3 e a solução $x(t)$ em termos da constante C_2 temos $C_3 = C_2$, $C_1 = -2C_2$ e

$$x(t) = -4C_2 \operatorname{sen}^2 t.$$

Da expressão anterior, calculando as derivadas temos

$$\begin{aligned} x'(t) &= -8C_2 \operatorname{sen}, t \cos t = -4C_2 \operatorname{sen} 2t \\ x''(t) &= -8C_2 \cos 2t. \end{aligned}$$

Por outro lado, da primeira equação do sistema podemos escrever $y = -x'' - x$ então

$$y = 8C_2 \cos 2t - 4C_2 \operatorname{sen}^2 t$$

e como $y(0) = 1$ temos $C_2 = 1/8$ de onde se segue

$$x(t) = -\frac{\operatorname{sen}^2 t}{2} \quad \text{e} \quad y(t) = \cos^2 t - \frac{\operatorname{sen}^2 t}{2}.$$

Exercício 5.23. Escreva a equação diferencial

$$y''' + ay'' + by' + cy = f$$

com $y = y(x)$, $f = f(x)$ e os coeficientes a, b, c funções da variável independente x, na forma matricial. Discuta a matriz formada pelos coeficientes, em particular, calcule os autovalores associados a ela.

Resolução. Comecemos por definir três (o número da ordem da maior derivada) novas variáveis dependentes

$$y_1(x) = y(x) \equiv y, \quad y_2(x) = y'(x) \equiv y' \text{ e } y_3(x) = y''(x) \equiv y''.$$

Daí, a equação diferencial pode ser colocada na forma

$$y_3' = ay_3 - by_2 - cy_1 + f.$$

Destas equações, podemos escrever o seguinte sistema de equações diferenciais de primeira ordem

$$\begin{cases} y_1' &= y_2 \\ y_2' &= y_3 \\ y_3' &= -ay_3 - by_2 - cy_1 + f \end{cases}$$

ou ainda, na seguinte forma

$$\begin{cases} y_1' = 0\,y_1 + y_2 + 0\,y_3 + 0 \\ y_2' = 0\,y_1 + 0\,y_2 + y_3 + 0 \\ y_3' = -cy_1 - by_2 - ay_3 + f \end{cases}$$

em que, inserimos os zeros para deixar explícito que esta metodologia pode ser estendida para equações diferenciais de ordem n, a qual é levada num sistema de n equações de primeira ordem.

Vamos introduzir as matrizes, $\mathbf{y}$, $\mathcal{A}$ e $\mathbf{f}$, neste caso, matrizes de ordens 3×1, 3×3 e 3×1, respectivamente

$$\mathbf{y} = \begin{pmatrix} y_1 \\ y_2 \\ y_3 \end{pmatrix}, \quad \mathcal{A} = \begin{pmatrix} 0 & 1 & 0 \\ 0 & 0 & 1 \\ -c & -b & -a \end{pmatrix} \quad \text{e} \quad \mathbf{f} = \begin{pmatrix} 0 \\ 0 \\ f \end{pmatrix}.$$

Utilizando essas matrizes, escrevemos a equação matricial

$$\frac{d}{dx}\begin{pmatrix} y_1 \\ y_2 \\ y_3 \end{pmatrix} = \begin{pmatrix} 0 & 1 & 0 \\ 0 & 0 & 1 \\ -c & -b & -a \end{pmatrix} \begin{pmatrix} y_1 \\ y_2 \\ y_3 \end{pmatrix} + \begin{pmatrix} 0 \\ 0 \\ f \end{pmatrix},$$

que, na forma geral, é dada por $\mathbf{y}' = \mathcal{A}\mathbf{y} + \mathbf{f}$, onde $\mathcal{A}$ é a matriz dos coeficientes e $\mathbf{y}$ é a matriz associada aos termos de não homogeneidade.

Passemos agora a discutir a matriz dos coeficientes, isto é, calcular os autovalores a ela associados. Seja λ um autovalor. Devemos determinar λ, satisfazendo

$$\begin{vmatrix} -\lambda & 1 & 0 \\ 0 & -\lambda & 1 \\ -c & -b & -a-\lambda \end{vmatrix} = 0$$

que nos leva à seguinte equação algébrica

$$\lambda^3 + (a+b)\lambda + c = 0.$$

As raízes dessa equação algébrica fornecem a natureza dos autovalores associados à matriz dos coeficientes que, por sua vez, caracterizam as soluções linearmente independentes da equação diferencial.

A matemática foi o alfabeto com o qual Deus construiu o universo.
1564 – Galileu Galilei – 1642

6

Sequências, séries numéricas e séries de potências

Visto que o objetivo principal deste livro é a resolução de equações diferenciais ordinárias lineares, homogêneas e não homogêneas, este capítulo contém apenas métodos formais para discutir a convergência ou divergência de uma série, logo deve ser entendido como parte basilar associada ao Capítulo 7, no qual serão discutidas as equações diferenciais ordinárias homogêneas, através da metodologia das séries de potências.

Este capítulo, entendido como indispensável para a resolução de uma equação diferencial ordinária abordada, através da metodologia das séries de potências, é dedicado ao estudo das sequências e séries, em particular, as séries de potências. Discutimos vários exercícios envolvendo testes e critérios de convergência, dentre eles, o critério da razão, o teste da integral, o teste do termo geral, o critério da raiz, dentre outros.

Exercício 6.1. Calcule $\lim_{n\to\infty} a_n$ se:

a) $a_n = \dfrac{n^2 \cos(n!)}{n^3 + 1}$
b) $a_n = \sqrt{n^2 - 10n + 8} - (n - 3)$

c) $a_n = \dfrac{1}{n^2} + \dfrac{1}{(n+1)^2} + \dfrac{1}{(n+2)^2} + \cdots + \dfrac{1}{(n+n)^2}$

Resolução. a) Temos $\lim_{n\to\infty} a_n = 0$ pois $\lim_{n\to\infty}\left(\dfrac{n^2}{n^3+1}\right) = 0$ e $|\cos(n!)| \leq 1$. b) Multiplicando numerador e denominador pelo conjugado do numerador temos

$$\lim_{n\to\infty} [\sqrt{n^2 - 10n + 8} - (n - 3)] =$$

$$= \lim_{n\to\infty} \frac{[\sqrt{n^2 - 10n + 8} - (n - 3)][\sqrt{n^2 - 10n + 8} + (n - 3)]}{\sqrt{n^2 - 10n + 8} + (n - 3)}$$

$$= \lim_{n\to\infty} \frac{-4n - 1}{n\left(\sqrt{1 - \frac{10}{n} + \frac{8}{n^2}} + 1 - \frac{3}{n}\right)} = -2$$

c) Visto que

$$0 \leq a_n = \frac{1}{n^2} + \frac{1}{(n+1)^2} + \frac{1}{(n+2)^2} + \cdots + \frac{1}{(n+n)^2} \leq$$

$$\leq \underbrace{\frac{1}{n^2} + \frac{1}{n^2} + \frac{1}{n^2} + \cdots + \frac{1}{n^2}}_{n+1} = \frac{n+1}{n^2}$$

temos $\lim_{n\to\infty} a_n = 0$ pelo confronto.

Sequências, séries numéricas e séries de potências

Exercício 6.2. a) Prove que para $x \geq 0$ vale a seguinte desigualdade

$$x - \frac{x^2}{2} \leq \ln(x+1) \leq x.$$

b) Calcule o limite

$$\lim_{n \to \infty} \left[\ln\left(1 + \frac{1}{n^2}\right) + \ln\left(1 + \frac{2}{n^2}\right) + \cdots + \ln\left(1 + \frac{n}{n^2}\right) \right]$$

Resolução. a) Seja $f(x) = \ln(1+x) - x$ para $x \geq 0$. Então,

$$f'(x) = -\frac{x}{1+x} \leq 0 \quad \text{se} \quad x \geq 0$$

portanto $f(x)$ é decrescente e $f(x) \leq f(0) = 0$ ou seja temos $\ln(1+x) - x \leq 0$ se $x \geq 0$. Considere agora a função $g(x) = \ln(1+x) - x + \frac{x^2}{2}$, $x \geq 0$. Então,

$$g'(x) = \frac{x^2}{1+x} \geq 0 \quad \text{se} \quad x \geq 0$$

e, portanto, $g(x)$ é crescente. Logo $g(x) \geq g(0) = 0$ de onde se segue

$$\ln(1+x) \geq x - \frac{x^2}{2} \quad \text{se} \quad x \geq 0.$$

b) Fazendo $x = \frac{k}{n^2}$ com $k = 1, 2, \ldots, n$ no resultado do item anterior, temos

$$\frac{k}{n^2} - \frac{k^2}{2n^4} \leq \ln\left(1 + \frac{k}{n^2}\right) \leq \frac{k}{n^2}$$

para $k = 1, 2, \ldots, n$. Daí

$$\sum_{k=1}^{n} \left(\frac{k}{n^2} - \frac{n^2}{2n^4} \right) \leq \sum_{n=1}^{n} \ln\left(1 + \frac{k}{n^2}\right) \leq \sum_{k=1}^{n} \frac{k}{n^2}.$$

Utilizando os resultados conhecidos

$$\sum_{k=1}^{n} k = \frac{n(n+1)}{2} \quad e \quad \sum_{k=1}^{n} k^2 = \frac{n(n+1)(2n+1)}{6}$$

podemos escrever

$$\frac{1}{n^2}\left[\frac{n(n+1)}{2}\right] - \frac{1}{2n^4}\left[\frac{n(n+1)(2n+1)}{6}\right] \leq$$

$$\leq \sum_{k=1}^{n} \ln\left(1 + \frac{k}{n^2}\right) \leq \frac{1}{n^2}\left[\frac{n(n+1)}{2}\right].$$

Como $\lim_{n\to\infty} \frac{n(n+1)}{2n^2} = \frac{1}{2}$ e $\lim_{n\to\infty} \frac{n(n+1)(2n+1)}{12n^4} = 0$ temos

$$\lim_{n\to\infty}\left[\ln\left(1 + \frac{1}{n^2}\right) + \ln\left(1 + \frac{2}{n^2}\right) + \cdots + \ln\left(1 + \frac{n}{n^2}\right)\right] = \frac{1}{2}.$$

Exercício 6.3. Seja $(a_n)_{n=1}^{\infty}$ dada por $a_1 = \sqrt{5}$ e $a_n = \sqrt{5 + a_{n-1}}$ para $n \geq 2$. a) Mostre que (a_n) é crescente e limitada. b) Calcule $\lim_{n\to\infty} a_n$.

Resolução. a) $a_1 = \sqrt{5} < 3$. Vamos provar por indução que $a_n \leq 3$, $\forall n \in \mathbb{N}$. Suponha que $a_k \leq 3$. Então, podemos escrever $a_{k+1} = \sqrt{5 + a_k} \leq \sqrt{8} \leq 3$ portanto (a_n) é limitada. Vamos mostrar, por indução, que (a_n) é crescente. Temos $a_1 = \sqrt{5} \leq a_2 = \sqrt{5 + \sqrt{5}}$.

Suponha que $a_k \geq a_{k-1}$. Então, visto que $a_k^2 = 5 + a_{k-1}$ e $a_{k+1}^2 = 5 + a_k$ temos $a_{k+1}^2 - a_k^2 = a_k - a_{k-1}$ de onde se segue $(a_{k+1} - a_k)(a_{k+1} + a_k) = a_k - a_{k-1}$ e como $a_{k+1} + a_k$ e $a_k - a_{k-1}$ são positivos ou nulos temos $a_{k+1} - a_k \geq 0$, isto é, $a_{k+1} \geq a_k$.

Sequências, séries numéricas e séries de potências

b) Como $a_n = \sqrt{5+a_{n-1}}$ se $a = \lim_{n\to\infty} a_n$ temos $a = \sqrt{5+a}$ ou seja $a = (1 \pm \sqrt{21})/2$. Mas $a_n \geq 0$ para $\forall n$ e, portanto, $a = (1+\sqrt{21})/2$.

Exercício 6.4. Encontre a soma das séries

a) $\sum_{n=0}^{\infty} \frac{2^{2n}}{3^{3n}}$ e b) $\sum_{n=0}^{\infty} \frac{2^{n/2}}{3^n}$.

Resolução. a) Basta reescrever e usar a série geométrica

$$\sum_{n=0}^{\infty} \frac{2^{2n}}{3^{3n}} = \sum_{n=0}^{\infty} \left(\frac{4}{27}\right)^n = \frac{1}{1-\frac{4}{27}} = \frac{27}{23}.$$

b) Em analogia ao item anterior temos

$$\sum_{n=0}^{\infty} \frac{2^{n/2}}{3^n} = \sum_{n=0}^{\infty} \left(\frac{\sqrt{2}}{3}\right)^n = \frac{1}{1-\frac{\sqrt{2}}{3}} = \frac{3}{3-\sqrt{2}}.$$

Exercício 6.5. Determine se as séries abaixo são convergentes ou divergentes.

a) $\sum_{n=1}^{\infty} \left(\frac{7^n}{4^n} - \frac{1}{n^5}\right)$ b) $\sum_{n=2}^{\infty} \frac{1}{n(\ln n)^p}$ $(p>1)$

c) $\sum_{n=1}^{\infty} \frac{\ln n}{n^3}$ d) $\sum_{n=1}^{\infty} \frac{\cos(n\pi)}{n+2}$

e) $\sum_{n=0}^{\infty} \frac{(n+2)!}{4!n!2^n}$ f) $\sum_{n=1}^{\infty} \left(1+\frac{2}{n}\right)^n$

g) $\sum_{n=2}^{\infty} \frac{1}{(\ln n)^n}$

Resolução. a) Como $\sum_{n=1}^{\infty} \left(\frac{7}{4}\right)^n$ é uma série divergente (série geométrica de razão maior que 1) e $\sum_{n=1}^{\infty} \frac{1}{n^5}$ é convergente (série harmônica de ordem maior que 1) temos que $\sum_{n=1}^{\infty} \left(\frac{7^n}{4^n} - \frac{1}{n^5}\right)$ é divergente. b) Vamos utilizar o critério da integral. Visto que a função $f(x) = \frac{1}{x(\ln x)^p}$ para $p > 1$ é contínua, decrescente e tal que $\lim_{x \to \infty} f(x) = 0$, podemos escrever

$$\int_2^{\infty} f(x)\,dx = \lim_{b \to \infty} \int_2^b \frac{dx}{x(\ln x)^p}$$

$$= \lim_{b \to \infty} \left[\frac{(\ln x)^{1-p}}{1-p}\bigg|_2^b\right] = \frac{(\ln 2)^{1-p}}{p-1}$$

logo, a série $\sum_{n=2}^{\infty} \frac{1}{n(\ln n)^p}$ é convergente.

c) Observe que $\frac{\ln n}{n^3} = \frac{\ln n}{n} \cdot \frac{1}{n^2}$. Como $\frac{\ln n}{n} < 1$ para n suficientemente grande, temos $\frac{\ln n}{n^3} \leq \frac{1}{n^2}$ para n suficientemente grande.

Como $\sum_{n=1}^{\infty} \frac{1}{n^2}$ é convergente, por comparação, temos que $\sum_{n=1}^{\infty} \frac{\ln n}{n^3}$ é convergente.

d) Trata-se de uma série alternada pois $\cos(n\pi) = (-1)^n$. Como $a_n = \frac{1}{n+2}$ é decrescente e $\lim_{n \to \infty} a_n = 0$ a série é convergente.

e) Vamos utilizar o critério da razão

$$\lim_{n\to\infty} \frac{(n+3)!}{4!(n+1)!2^{n+1}} \cdot \frac{4!n!2^n}{(n+2)!} = \lim_{n\to\infty} \frac{(n+3)}{2(n+1)} = \frac{1}{2} < 1$$

e a série é convergente.

f) Essa série é divergente pelo critério do termo geral pois

$$\lim_{n\to\infty} \left(1 + \frac{2}{n}\right)^n = e^2.$$

g) Como $\lim_{n\to\infty} \sqrt[n]{\frac{1}{(\ln n)^n}} = 0 < 1$ a série $\sum_{n=2}^{\infty} \frac{1}{(\ln n)^n}$ é convergente pelo critério da raiz.

Exercício 6.6. a) Se $\sum a_n^2$ e $\sum b_n^2$ convergem, mostre que $\sum a_n b_n$ é absolutamente convergente. b) Se $\sum a_n^2$ converge então $\sum \frac{a_n}{n}$ converge. Por quê?

Resolução. a) Como $0 \leq (|a_n| - |b_n|)^2 = a_n^2 - 2|a_n b_n| + b_n^2$ segue $2|a_n b_n| \leq a_n^2 + b_n^2$. Por outro lado, $\sum(a_n^2 + b_n^2)$ é convergente e, por comparação, $\sum a_n b_n$ é absolutamente convergente.

b) Utilizando o item anterior, tomando $b_n = \frac{1}{n}$ podemos escrever $\sum a_n b_n = \sum \frac{a_n}{n}$ que é convergente pois $\sum a_n^2$ e $\sum \frac{1}{n^2}$ são convergentes.

Exercício 6.7. a) Calcule a soma das séries

a) $\displaystyle\sum_{n=2}^{\infty} 5^{-(n+1)} \ln\left(\frac{n^5}{n+1}\right)$ e b) $\displaystyle\sum_{n=1}^{\infty} \frac{[2 + \cos\left(\frac{3\pi}{n}\right)]}{3^n}$

onde $[x]$ é a função maior inteiro, isto é, $[x] = k \in \mathbb{Z}$ tal que $k \leq x < k+1$.

Resolução. a) Escrevendo, para $n \geq 2$,

$$a_n = 5^{-(n+1)}[5\ln n - \ln(n+1)] = 5^{-n}\ln n - 5^{-(n+1)}\ln(n+1)$$

temos

$$S_1 = 5^{-2}\ln 2 - \frac{\ln 3}{5^3}$$

$$S_2 = 5^{-2}\ln 2 - \frac{\ln 3}{5^3} + \frac{\ln 3}{5^3} - \frac{\ln 4}{5^4}$$

$$\vdots \quad \vdots \quad \vdots$$

$$S_n = 5^{-2}\ln 2 - \frac{\ln(n+1)}{5^{(n+1)}}.$$

Então

$$\lim_{n\to\infty} S_n = \frac{\ln 2}{5^2} \quad \text{pois} \quad \lim_{n\to\infty} \frac{\ln(n+1)}{5^{n+1}} = 0.$$

Logo, podemos escrever

$$\sum_{n=2}^{\infty} 5^{-(n+1)} \ln\left(\frac{n^5}{n+1}\right) = \frac{\ln 2}{25}.$$

b) Se $\Omega \equiv \displaystyle\sum_{n=1}^{\infty} \frac{[2 + \cos\left(\frac{3\pi}{n}\right)]}{3^n}$, temos

$$\Omega = \frac{1}{3} + \frac{2}{3^2} + \frac{1}{3^3} + \frac{1}{3^4} + \frac{1}{3^5} + \frac{2}{3^6} + \frac{2}{3^7} + \frac{2}{3^8} + \cdots$$

$$= \frac{1}{3} + \frac{2}{9} + \frac{1}{27} + \frac{1}{81} + \frac{1}{243} + 2\left(\frac{1/3^6}{1 - 1/3}\right) = \frac{149}{243}.$$

Sequências, séries numéricas e séries de potências

Exercício 6.8. Discuta a convergência para a série

$$\sum_{n=2}^{\infty} \frac{(-1)^{n+1}}{n \ln^2 n}.$$

Resolução. A série de valores absolutos é

$$\sum_{n=2}^{\infty} \frac{1}{n \ln^2 n}.$$

Vamos utilizar o critério da integral a fim de mostrar a convergência desta série. Calculemos a integral

$$\lim_{M \to \infty} \int_2^M \frac{dx}{x \ln^2 x}.$$

Para tal fim, introduzimos a mudança de variável $\xi = \ln x$ de onde podemos escrever

$$\lim_{M \to \infty} \int_2^M \frac{dx}{x \ln^2 x} = \lim_{M \to \infty} \int_{\ln 2}^{\ln M} \frac{d\xi}{\xi^2} = \lim_{M \to \infty} \left(-\frac{1}{\xi}\right)_{\ln 2}^{\ln M} =$$

$$= \lim_{M \to \infty} \left(-\frac{1}{\ln M} + \frac{1}{\ln 2}\right) = \frac{1}{\ln 2}$$

e, visto que a integral existe, a série converge. Logo, a série de partida converge absolutamente, ou seja, é convergente.

Exercício 6.9. Mostre que a série

$$\frac{1}{1 \cdot 2} + \frac{1}{2 \cdot 3} + \frac{1}{3 \cdot 4} + \frac{1}{4 \cdot 5} + \cdots + \frac{1}{n \cdot (n+1)} + \cdots$$

é convergente e calcule a sua soma.

Resolução. Calculemos, primeiramente, a seguinte soma

$$S_n = \frac{1}{1 \cdot 2} + \frac{1}{2 \cdot 3} + \frac{1}{3 \cdot 4} + \frac{1}{4 \cdot 5} + \cdots + \frac{1}{n \cdot (n+1)}$$

$$= \left(1 - \frac{1}{2}\right) + \left(\frac{1}{2} - \frac{1}{3}\right) + \cdots + \left(\frac{1}{n} - \frac{1}{n+1}\right)$$

que, após simplificação, é escrito na forma

$$S_n = 1 - \frac{1}{n+1}.$$

Tomando o limite $n \to \infty$, obtemos

$$S = \lim_{n \to \infty} S_n = 1.$$

Logo, a série é convergente e a sua soma vale 1, então

$$1 = \frac{1}{1 \cdot 2} + \frac{1}{2 \cdot 3} + \frac{1}{3 \cdot 4} + \frac{1}{4 \cdot 5} + \cdots + \frac{1}{n \cdot (n+1)} + \cdots$$

Exercício 6.10. Mostre que a série

$$1 - \ln\frac{2}{1} + \frac{1}{2} - \ln\frac{3}{2} + \frac{1}{3} - \ln\frac{4}{3} + \cdots + \frac{1}{n} - \ln\frac{n+1}{n} + \cdots$$

é convergente.

Resolução. Começamos por tomar os valores absolutos dos termos da série os quais formam uma sucessão decrescente. Por outro lado, para verificar isso, lembremos que

$$\left(1 + \frac{1}{n}\right)^n < e < \left(1 + \frac{1}{n}\right)^{n+1}$$

Sequências, séries numéricas e séries de potências 191

e tomando o logaritmo na base e ($\log_e \equiv \ln$), obtemos

$$n \ln\left(\frac{n+1}{n}\right) < 1 < (n+1) \ln\left(\frac{n+1}{n}\right).$$

Da primeira parte desta dupla desigualdade, temos

$$\ln\left(\frac{n+1}{n}\right) < \frac{1}{n}$$

enquanto que da segunda,

$$\frac{1}{n+1} < \ln\left(\frac{n+1}{n}\right)$$

isto é,

$$\frac{1}{n+1} < \ln\left(\frac{n+1}{n}\right) < \frac{1}{n}$$

que prova a nossa afirmação.

Mostremos agora que o termo geral da série tende a zero para $n \to \infty$. Então,

$$\lim_{n\to\infty} a_n = \lim_{n\to\infty} \left[\frac{1}{n} - \ln\left(\frac{n+1}{n}\right)\right] = \ln 1 = 0$$

e, com isto, concluímos que a série é convergente.

Apenas para mencionar, a soma da série é chamada constante de Euler-Mascheroni e se indica com a letra γ, isto é,

$$\gamma = 1 - \ln\frac{2}{1} + \frac{1}{2} - \ln\frac{3}{2} + \frac{1}{3} - \ln\frac{4}{3} + \cdots + \frac{1}{n} - \ln\frac{n+1}{n} + \cdots$$

com valor aproximado dado por $\gamma = 0,5772155$.

Exercício 6.11. Determine o conjunto de convergência e a soma da série
$$\sum_{n=1}^{\infty}\left[\frac{nx}{1+n^2x^2} - \frac{(n+1)x}{1+(n+1)^2x^2}\right].$$

Resolução. Começamos por calcular a enésima soma parcial, $S_n(x)$ a fim de verificar para quais valores de x existe e é finito o limite para $n \to \infty$. Temos

$$S_n(x) = \left(\frac{x}{1+x^2} - \frac{2x}{1+4x^2}\right) + \left(\frac{2x}{1+4x^2} - \frac{3x}{1+9x^2}\right) +$$

$$+ \cdots + \left[\frac{nx}{1+n^2x^2} - \frac{(n+1)x}{1+(n+1)^2x^2}\right]$$

$$= \frac{x}{1+x^2} - \frac{(n+1)x}{1+(n+1)^2x^2}$$

de onde, para qualquer valor de x, temos

$$\lim_{n\to\infty} S_n(x) = \lim_{n\to\infty}\left[\frac{x}{1+x^2} - \frac{(n+1)x}{1+(n+1)^2x^2}\right] = \frac{x}{1+x^2}.$$

Logo, a série converge em todo o eixo real e a soma é

$$S(x) = \frac{x}{1+x^2}.$$

Exercício 6.12. Utilize o teste da razão para determinar o conjunto de convergência para a série
$$\sum_{n=1}^{\infty} \frac{\sqrt{n}}{(x-7)^n}.$$

Sequências, séries numéricas e séries de potências   193

Resolução. Seja $f(x) = \sum_{n=1}^{\infty} \dfrac{\sqrt{n}}{(x-7)^n}$, de onde $a_n = \dfrac{\sqrt{n}}{(x-7)^n}$.
Temos, então,

$$\left|\frac{a_{n+1}}{a_n}\right| = \left|\frac{\sqrt{n+1}}{(x-7)^{n+1}} \frac{(x-7)^n}{\sqrt{n}}\right| = \left|\sqrt{1+\frac{1}{n}}\left(\frac{1}{x-7}\right)\right|.$$

Tomando o limite obtemos

$$\lim_{n\to\infty} \left|\sqrt{1+\frac{1}{n}}\left(\frac{1}{x-7}\right)\right| = \left|\frac{1}{x-7}\right| < 1$$

de onde se segue $|x-7| > 1$. Resolvendo esta inequação temos

$$\{x \in \mathbb{R} : x < 6 \quad \text{ou} \quad x > 8\}.$$

Devemos testar os extremos. Primeiramente, para $x = 8$ temos

$$f(8) = \sum_{n=1}^{\infty} \sqrt{n} \quad \Longrightarrow \quad \text{diverge}$$

enquanto que para $n = 6$ obtemos

$$f(6) = \sum_{n=1}^{\infty} (-1)^n \sqrt{n} \quad \Longrightarrow \quad \text{diverge}$$

segue-se, então, o intervalo de convergência

$$\{x \in \mathbb{R} : x < 6 \quad \text{ou} \quad x > 8\}.$$

Exercício 6.13. Encontre todos os valores de $x \in \mathbb{R}$ para os quais a série

$$\sum_{n=1}^{\infty} \frac{(3n-2)(x-2)^n}{3^{n+1}(n+1)^2}$$

é convergente.

Resolução. Como

$$\lim_{n\to\infty} \left|\frac{a_{n+1}}{a_n}\right| = \lim_{n\to\infty} \left|\frac{(3n+1)(x-2)^{n+1}}{3^{n+2}(n+2)^2} \cdot \frac{3^{n+1}(n+1)^2}{(3n-2)(x-2)^n}\right|$$

$$= \frac{|x-2|}{3} \lim_{n\to\infty} \frac{(3n+1)(n+1)^2}{(3n-2)(n+2)^2} = \frac{|x-2|}{3}$$

pelo critério da razão a série converge se

$$\frac{|x-2|}{3} < 1$$

ou seja, se $-1 < x < 5$.

Testando os extremos: para $x = -1$ temos

$$\sum_{n=1}^{\infty} \frac{(3n-2)(-1)^n 3^n}{3^{n+1}(n+1)^2} = \frac{1}{3}\sum_{n=1}^{\infty} \frac{(-1)^n(3n-2)}{(n+1)^2} = \frac{1}{3}\sum_{n=1}^{\infty} (-1)^n b_n$$

onde $b_n = \frac{3n-2}{(n+1)^2}$.

Como a função $f(x) = \frac{3x-2}{(x+1)^2}$ é decrescente para $x > 7/3$, temos $b_{n+1} \leq b_n$ para $n \geq 3$. Como $\lim_{n\to\infty} b_n = 0$, pelo critério para séries alternadas temos que a série é convergente.

Por outro lado, para $x = 5$ temos

$$\sum_{n=1}^{\infty} \frac{(3n-2)3^n}{3^n(n+1)^2} = \frac{1}{3}\sum_{n=1}^{\infty} \frac{3n-2}{(n+1)^2}.$$

Sabendo que

$$\lim_{n\to\infty} \frac{(3n-2)/(n+1)^2}{1/n} = \lim_{n\to\infty} \frac{3n^2-2n}{(n+1)^2} = 3 > 0,$$

e $\sum_{n=1}^{\infty}(1/n)$ é divergente, por comparação no limite, temos que

Sequências, séries numéricas e séries de potências 195

$$\sum_{n=1}^{\infty} \frac{3n-2}{(n+1)^2}$$

é divergente, de onde se segue que a série original é convergente para $x \in [-1, 5)$.

Exercício 6.14. a) Encontre a série de Taylor de $f(x) = \dfrac{1}{(x-1)^2}$ em torno de $x = 3$. b) Encontre a soma da série

$$\sum_{n=0}^{\infty} \frac{(-1)^{n+1} n}{2^{n+1}}.$$

Resolução. a) A partir da série geométrica, temos

$$\frac{1}{x-1} = \frac{1}{(x-3)+2} = \frac{1}{2\left[1+\frac{(x-3)}{2}\right]}$$

$$= \frac{1}{2} \sum_{n=0}^{\infty} \frac{(-1)^n (x-3)^n}{2^n} = \sum_{n=0}^{\infty} \frac{(-1)^n (x-3)^n}{2^{n+1}}$$

válida para $|x-3| < 2$ ou seja, $-1 < x < 5$.

Como

$$\left(\frac{1}{x-1}\right)' = -\frac{1}{(x-1)^2}$$

temos

$$\frac{1}{(x-1)^2} = -\sum_{n=0}^{\infty} \frac{(-1)^n n (x-3)^{n-1}}{2^{n+1}}.$$

b) Substituindo $x = 4$ na expressão do item anterior, temos

$$\frac{1}{(4-1)^2} = \sum_{n=0}^{\infty} \frac{(-1)^{n+1} n}{2^{n+1}}$$

de onde se segue

$$\sum_{n=0}^{\infty} \frac{(-1)^{n+1} n}{2^{n+1}} = \frac{1}{9}.$$

Exercício 6.15. Determine o raio de convergência da série

$$\sum_{n=1}^{\infty} \frac{(2n)! x^n}{(n!)^2}.$$

Resolução. Como

$$\lim_{n \to \infty} \left| \frac{a_{n+1}}{a_n} \right| = \lim_{n \to \infty} \left| \frac{(2n+2)! x^{n+1}}{[(n+1)!]^2} \cdot \frac{(n!)^2}{(2n)! x^n} \right|$$

$$= |x| \lim_{n \to \infty} \frac{(2n+2)(2n+1)}{(n+1)^2} = 4|x|$$

pelo critério da razão a série converge se $|x| < \frac{1}{4}$ ou seja $-\frac{1}{4} < x < \frac{1}{4}$. Logo, o raio de convergência é $\frac{1}{4}$.

Exercício 6.16. Encontre a série de Taylor associada à função $f(x) = \frac{1}{x}$ em torno de $x = 1$.

Resolução. Basta rearranjar e utilizar a série geométrica, logo

$$\frac{1}{x} = \frac{1}{(x-1)+1} = \frac{1}{1+(x-1)} = \sum_{n=0}^{\infty} (-1)^n (x-1)^n$$

para todo $|x-1| < 1$.

Sequências, séries numéricas e séries de potências 197

Exercício 6.17. Determine todos os valores de $x \in \mathbb{R}$ para os quais a série
$$\sum_{n=2}^{\infty} \frac{(-1)^n(3x-2)^n}{\ln n}$$
é convergente.

Resolução. Como
$$\lim_{n\to\infty} \left| \frac{(-1)^{n+1}(3x-2)^{n+1}}{\ln(n+1)} \cdot \frac{\ln n}{(-1)^n(3x-2)^n} \right| =$$
$$= |3x-2| \lim_{n\to\infty} \frac{\ln n}{\ln(n+1)} = |3x-2|$$

a série é convergente se $|3x-2| < 1$ ou seja $\frac{1}{3} < x < 1$.

Testando os extremos: para $x = \frac{1}{3}$ temos
$$\sum_{n=2}^{\infty} \frac{(-1)^n(-1)^n}{\ln n} = \sum_{n=2}^{\infty} \frac{1}{\ln n}$$

que é divergente pois $\dfrac{1}{\ln n} > \dfrac{1}{n}$ para n suficientemente grande.

Por outro lado, para $x = 1$ temos
$$\sum_{n=2}^{\infty} \frac{(-1)^n}{\ln n}$$

que é convergente pelo critério de séries alternadas pois
$$\frac{1}{\ln(n+1)} < \frac{1}{\ln n} \qquad \text{e} \qquad \lim_{n\to\infty} \frac{1}{\ln n} = 0.$$

Exercício 6.18. Mostre que $x = 0$ é raiz com multiplicidade 12 da equação $f(x) = 0$ em que

$$f(x) = 1 - \frac{x^6}{2} - \cos x^3.$$

Resolução. A expansão em série do cosseno de x^3 é

$$\cos x^3 = 1 - \frac{x^6}{2!} + \frac{x^{12}}{4!} - \frac{x^{18}}{6!} + \cdots$$

podemos escrever para $f(x)$

$$f(x) = 1 - \frac{x^6}{2} - \cos x^3 = -x^{12}\left(\frac{1}{4!} - \frac{x^6}{6!} + \cdots\right) = -x^{12}g(x)$$

com $g(0) \neq 0$. Logo, $x = 0$ é raiz de multiplicidade 12 de $f(x) = 0$.

Exercício 6.19. a) Desenvolver a função

$$f(x) = \frac{(x-2)^7}{(4x-6)^2}$$

em série de Taylor em torno de $x = 2$. Indicar o maior intervalo aberto onde esse desenvolvimento é válido. b) Calcular $f^{(9)}(2)/7!$.

Resolução. a) Sabendo que

$$\frac{1}{4(x-2)+2} = \frac{1}{2[1+2(x-2)]} = \sum_{n=0}^{\infty}(-1)^n 2^{n-1}(x-2)^n$$

Sequências, séries numéricas e séries de potências 199

e
$$\left(\frac{1}{4x-6}\right)' = -\frac{4}{(4x-6)^2}$$

podemos escrever

$$\frac{1}{(4x-6)^2} = -\frac{1}{4}\sum_{n=0}^{\infty}(-1)^n 2^{n-1} n(x-2)^{n-1}$$

e, portanto,

$$\frac{(x-2)^7}{(4x-6)^2} = \sum_{n=0}^{\infty}(-1)^{n-1} 2^{n-3} n\,(x-2)^{n+6}$$

para $2|x-2| < 1$ ou seja $\frac{3}{2} < x < \frac{5}{2}$.

b) Como na série de Taylor de $f(x)$ em torno de x_0 temos os coeficientes dados por

$$a_n = \frac{f^{(n)}(x_0)}{n!}$$

obtemos $f^{(n)}(x_0) = n!a_n$ de onde se segue

$$\frac{f^{(9)}(2)}{7!} = \frac{1}{7!}9!a_9 = \frac{1}{7!}9![(-1)^{3-1} \cdot 2^0 \cdot 3] = 216.$$

Exercício 6.20. a) Encontrar a série de MacLaurin de

$$f(x) = \frac{1}{(2x^2+5)^2}.$$

b) Calcular $\dfrac{5^5}{4!}f^{(4)}(0)$.

Resolução. a) Como

$$\frac{1}{5+2x^2} = \frac{1}{5(1+\frac{2}{5}x^2)} = \frac{1}{5}\sum_{n=0}^{\infty}(-1)^n \frac{2^n}{5^n}x^{2n} = \sum_{n=0}^{\infty}\frac{(-1)^n 2^n}{5^{n+1}}x^{2n}$$

válida para $|x| < \sqrt{5/2}$ e

$$\left(\frac{1}{5+2x^2}\right)' = -\frac{4x}{(5+2x^2)^2}$$

podemos escrever, para $|x| < \sqrt{5/2}$,

$$\frac{1}{(2x^2+5)^2} = -\frac{1}{4x}\sum_{n=1}^{\infty}\frac{(-1)^n 2^n 2n\, x^{2n-1}}{5^{n+1}}$$

$$= \sum_{n=1}^{\infty}\frac{(-1)^{n+1} 2^{n-1} n\, x^{2n-2}}{5^{n+1}}.$$

b) Como no Exercício 6.20, basta substituir $x = 0$, logo

$$\frac{5^5}{4!}f^{(4)}(0) = \frac{5^5}{4!}\cdot 4!\cdot a_4 = 5^5\left[\frac{(-1)^4\cdot 2^2\cdot 3}{5^4}\right] = 60.$$

Exercício 6.21. a) Encontre a série de MacLaurin da função $\arctan x$.

b) Use a série de MacLaurin da função sen x para mostrar que

$$\mathscr{L}\left[\int_0^t \frac{\text{sen}\, x}{x}\,\mathrm{d}x\right] = \frac{1}{s}\arctan\left(\frac{1}{s}\right)$$

para $s > 1$.

Resolução. a) Sabendo que

$$\frac{1}{1+x^2} = \sum_{n=0}^{\infty}(-1)^n x^{2n}$$

para $|x| < 1$ podemos escrever

$$\int \frac{\mathrm{d}x}{1+x^2} = \sum_{n=0}^{\infty}(-1)^n \frac{x^{2n+1}}{2n+1}$$

para $|x|<1$ de onde, integrando, se segue

$$\arctan x + C = \sum_{n=0}^{\infty} \frac{(-1)^n x^{2n+1}}{2n+1}$$

com C uma constante arbitrária. Mas, para $x=0$, temos $C=0$. Logo

$$\arctan x = \sum_{n=0}^{\infty} \frac{(-1)^n x^{2n+1}}{2n+1}$$

para $|x|<1$.

b) Conhecendo o desenvolvimento em série de MacLaurin da função seno

$$\operatorname{sen} x = \sum_{n=0}^{\infty} \frac{(-1)^n x^{2n+1}}{(2n+1)!}$$

obtemos

$$\frac{\operatorname{sen} x}{x} = \sum_{n=0}^{\infty} \frac{(-1)^n x^{2n}}{(2n+1)!}$$

bem como, integrando, a expressão

$$\int_0^t \frac{\operatorname{sen} x}{x}\,dx = \sum_{n=0}^{\infty} \frac{(-1)^n t^{2n+1}}{(2n+1)!(2n+1)}.$$

Utilizando a expressão

$$\mathscr{L}[t^m] = \frac{m!}{s^{m+1}}$$

obtemos

$$\mathscr{L}\left[\int_0^t \frac{\operatorname{sen} x}{x}\,dx\right] = \sum_{n=0}^{\infty} \frac{(-1)^n (2n+1)!}{(2n+1)!(2n+1)s^{(2n+1)+1}}$$

$$= \frac{1}{s}\sum_{n=0}^{\infty} \frac{(-1)^n}{(2n+1)s^{2n+1}} = \frac{1}{s}\arctan\left(\frac{1}{s}\right)$$

para $s>1$.

Exercício 6.22. a) Encontre todos os valores de $x \in \mathbb{R}$ para os quais a série
$$\sum_{n=1}^{\infty} \frac{(-1)^n 9^n x^{2n}}{n\, 4^n}$$
é convergente. b) Exiba um valor de x para o qual a série é convergente mas não absolutamente convergente.

Resolução. a) Como
$$\lim_{n \to \infty} \left| \frac{a_{n+1}}{a_n} \right| = \lim_{n \to \infty} \left| \frac{(-1)^{n+1} 9^{n+1} x^{2n+2}}{(n+1) 4^{n+1}} \cdot \frac{n 4^n}{(-1)^n 9^n x^{2n}} \right|$$
$$= \frac{9x^2}{4} \lim_{n \to \infty} \frac{n}{n+1} = \frac{9x^2}{4}$$

a série converge se $-\frac{2}{3} < x < \frac{2}{3}$.

Para os extremos, isto é, $x = -2/3$ e $x = 2/3$ temos a série
$$\sum_{n=1}^{\infty} \frac{(-1)^n}{n}$$
que é convergente pelo critério para séries alternadas. Portanto, a série converge se $-\frac{2}{3} \leq x \leq \frac{2}{3}$.

b) Para o particular valor de $x = 2/3$ a série
$$\sum_{n=1}^{\infty} \frac{(-1)^n}{n}$$
é convergente mas não é absolutamente convergente.

Sequências, séries numéricas e séries de potências   203

Exercício 6.23. Calcular a soma da série
$$\sum_{n=2}^{\infty} \frac{2n-1}{3^n}.$$

Sugestão: $2n - 1 = 3n - (n+1)$.

Resolução. Considere a série $\sum_{n=1}^{\infty} \frac{2n-1}{3^n}$.

Como
$$a_n = \frac{2n-1}{3^n} = \frac{3n-(n+1)}{3^n} = \frac{n}{3^{n-1}} - \frac{n+1}{3^n}$$

temos para a sequência das somas parciais

$$s_1 = a_1 = \frac{1}{3^0} - \frac{2}{3}$$

$$s_2 = a_1 + a_2 = \left(1 - \frac{2}{3}\right) + \left(\frac{2}{3} - \frac{3}{3^2}\right)$$

$$\vdots =$$

$$s_n = \left(1 - \frac{2}{3}\right) + \left(\frac{2}{3} - \frac{3}{3^2}\right) + \cdots + \left(\frac{n}{3^{n-1}} - \frac{n+1}{3^n}\right)$$

$$= 1 - \frac{n+1}{3^n}$$

e, então $\lim_{n \to \infty} s_n = 1$.

Logo, podemos escrever,
$$\sum_{n=2}^{\infty} \frac{2n-1}{3^n} = 1 - \frac{1}{3} = \frac{2}{3}.$$

Exercício 6.24. Encontre os três primeiros termos não nulos da série de MacLaurin de $\tan x$.

Resolução. Temos
$$f(x) = \tan x \implies f'(x) = \sec^2 x = 1 + (\tan x)^2 = 1 + [f(x)]^2.$$

Então, podemos escrever para as derivadas
$$\begin{aligned} f'' &= 2f \cdot f' \\ f''' &= 2[f' \cdot f' + f \cdot f''] = 2(f')^2 + 2f \cdot f'' \\ f^{(4)} &= 4f' \cdot f'' + 2(f \cdot f''' + f' \cdot f'') \\ &= 2f \cdot f''' + 6f' \cdot f'' \\ f^{(5)} &= 2(f \cdot f^{(4)} + f' \cdot f''') + 6(f' \cdot f'' + f'' \cdot f''). \end{aligned}$$

Daí
$$\begin{aligned} a_0 &= f(0) = 0 \\ a_1 &= f'(0) = 1 \\ a_2 &= f''(0)/2! = 0 \\ a_3 &= f'''(0)/3! = 2/3! = 1/3 \\ a_4 &= f^{(4)}(0)/4! = 0 \\ a_5 &= f^{(5)}(0)/5! = 2/15 \end{aligned}$$

de onde se segue
$$\tan x = x + \frac{1}{3}x^3 + \frac{2}{15}x^5 + \cdots$$

Exercício 6.25. Use a série de MacLaurin de $\ln(1+x)$ para encontrar a série de Taylor de $\ln x$ em torno de $x_0 = 2$.

Resolução. A série de MacLaurin de $\ln(1+x)$ pode ser obtida integrando-se a série
$$\frac{1}{1+x} = \sum_{n=0}^{\infty}(-1)^n x^n \qquad \text{para} \qquad |x| < 1.$$

Sequências, séries numéricas e séries de potências 205

Então,
$$\ln(1+x) = \sum_{n=0}^{\infty} \frac{(-1)^n x^{n+1}}{n+1} + C$$
que, para $x = 0$ fornece $C = 0$ de onde se segue
$$\ln(1+x) = \sum_{n=0}^{\infty} \frac{(-1)^n x^{n+1}}{n+1} \quad \text{para} \quad |x| < 1.$$

Agora, para $\left|\dfrac{x-2}{2}\right| < 1$ ou seja $|x-2| < 2$, temos

$$\ln x = \ln[(x-2)+2] = \ln\left[2\left(1+\frac{x-2}{2}\right)\right] =$$

$$= \ln 2 + \ln\left(1 + \frac{x-2}{2}\right) = \ln 2 + \sum_{n=0}^{\infty} \frac{(-1)^n (x-2)^{n+1}}{2^{n+1}(n+1)}.$$

Exercício 6.26. Determinar todos os valores de $x \in \mathbb{R}$ para os quais a série
$$\sum_{n=1}^{\infty} n^2 \left(\frac{1-x}{1+x}\right)^n$$
é convergente.

Resolução. Como
$$\lim_{n \to \infty} \left|\frac{(n+1)^2(1-x)^{n+1}}{(1+x)^{n+1}} \cdot \frac{(1+x)^n}{n^2(1-x)^n}\right| =$$

$$= \left|\frac{1-x}{1+x}\right| \lim_{n \to \infty} \frac{(n+1)^2}{n^2} = \left|\frac{1-x}{1+x}\right|$$

a série dada é convergente se $\left|\dfrac{1-x}{1+x}\right| < 1$ ou seja, se $x > 0$.

Para $x = 0$ temos a série $\sum_{n=1}^{\infty} n^2$ que é divergente. Portanto, a série
$$\sum_{n=1}^{\infty} n^2 \left(\frac{1-x}{1+x}\right)^n$$
converge para $x > 0$.

Exercício 6.27. Seja k um inteiro positivo. Justifique se a série
$$\sum_{n=k}^{\infty} \frac{1}{n(n+1)}$$
converge. Em caso afirmativo, calcule a soma.

Resolução. Consideremos a igualdade
$$\sum_{n=1}^{\infty} \frac{1}{n(n+1)} = \sum_{n=1}^{k-1} \frac{1}{n(n+1)} + \sum_{n=k}^{\infty} \frac{1}{n(n+1)}$$
que pode ser escrita na forma
$$\sum_{n=k}^{\infty} \frac{1}{n(n+1)} = \sum_{n=1}^{\infty} \frac{1}{n(n+1)} - \sum_{n=1}^{k-1} \frac{1}{n(n+1)}.$$
Utilizando o resultado do Exercício 6.9, temos
$$\sum_{n=k}^{\infty} \frac{1}{n(n+1)} = 1 - \left(1 - \frac{1}{k}\right) = \frac{1}{k}.$$

Note que se $k = 1$, isto é, a série começa no um, recuperamos o resultado do Exercício 6.9.

Sequências, séries numéricas e séries de potências 207

Exercício 6.28. Utilize o critério da raiz para mostrar que a série

$$\sum_{n=0}^{\infty} \frac{1}{\cosh n}$$

é convergente.

Resolução. Uma vez que os termos da série são todos positivos podemos escrever

$$\lim_{n\to\infty} \sqrt[n]{\frac{1}{\cosh n}} = \lim_{n\to\infty} \sqrt[n]{\frac{2}{e^n + e^{-n}}} = \lim_{n\to\infty} \sqrt[n]{\frac{2}{e^n(1 + e^{-n})}}$$

$$= \lim_{n\to\infty} \left(\frac{1}{e} \sqrt[n]{\frac{2}{1 + e^{-2n}}} \right).$$

Utilizando os resultados $\lim_{n\to\infty} e^{-2n} = 0$ e $\lim_{n\to\infty} 2^{1/n} = 1$ obtemos

$$\lim_{n\to\infty} \sqrt[n]{\frac{1}{\cosh n}} = \frac{1}{e}$$

e, visto que, $\frac{1}{e} < 1$, pelo critério da raiz, a série é convergente.

Exercício 6.29. Utilize o critério de Raabe para mostrar que a série

$$\sum_{n=2}^{\infty} \frac{1}{n^2 - n}$$

é convergente.

Resolução. Visto que todos os termos da série são positivos para $n \geq 2$ e o enésimo termo vai a zero para $n \to \infty$, podemos aplicar o critério de Raabe, isto é,

$$\lim_{n\to\infty}\left[n\left(\frac{a_n}{a_{n+1}}-1\right)\right] = \lim_{n\to\infty} n\left[\frac{\frac{1}{n^2-n}}{\frac{1}{(n+1)^2-(n+1)}}-1\right]$$

$$= \lim_{n\to\infty} n\left[\frac{(n+1)^2-(n+1)}{n^2-n}-1\right]$$

$$= \lim_{n\to\infty} n\left[\frac{2n}{n(n-1)}\right] =$$

$$= \lim_{n\to\infty}\left(\frac{2n}{n-1}\right) = 2 > 1$$

logo, a série é convergente.

Exercício 6.30. Calcule a soma da série

$$\mathcal{S} = \sum_{n=0}^{\infty} \frac{(-1)^{n+1}(n+1)^3}{n!}.$$

Resolução. Comecemos com a identidade (Verifique!)

$$(n+1)^3 = n(n-1)(n-2) + 6n(n-1) + 7n + 1.$$

Daí, podemos escrever para a soma

$$\mathcal{S} = \sum_{n=0}^{\infty} \frac{(-1)^{n+1}}{n!} [n(n-1)(n-2) + 6n(n-1) + 7n + 1]$$

$$= -\sum_{n=3}^{\infty} \frac{(-1)^n}{(n-3)!} - 6\sum_{n=2}^{\infty} \frac{(-1)^n}{(n-2)!}$$

$$- 7\sum_{n=1}^{\infty} \frac{(-1)^n}{(n-1)!} - \sum_{n=0}^{\infty} \frac{(-1)^n}{n!}.$$

Mudando os índices de soma nos três primeiros somatórios, obtemos

$$\mathcal{S} = \sum_{n=0}^{\infty} \frac{(-1)^n}{n!} - 6\sum_{n=0}^{\infty} \frac{(-1)^n}{n!} + 7\sum_{n=0}^{\infty} \frac{(-1)^n}{n!} - \sum_{n=0}^{\infty} \frac{(-1)^n}{n!}$$

de onde se segue o resultado

$$\mathcal{S} = \sum_{n=0}^{\infty} \frac{(-1)^n}{n!} = \frac{1}{e}.$$

Cada problema que eu resolvi tornou-se uma regra que serviu depois para resolver outros problemas.

1596 – René Descartes – 1650

7

Resolução de equações diferenciais por séries de potências

Este capítulo apresenta exercícios envolvendo as equações diferenciais ordinárias, lineares, de segunda ordem e homogêneas, através da metodologia das séries de potências. Primeiramente, abordamos as equações diferenciais ordinárias homogêneas, no caso de coeficientes constantes, procurando a solução geral, contendo as duas constantes arbitrárias, através das séries de potências do tipo Taylor ou MacLaurin.

Em geral, para as equações diferenciais cujos coeficientes não são constantes, procuramos a solução geral através do método de Frobenius, isto é, reduzimos a equação diferencial a uma equação algébrica, a chamada equação indicial. A solução desta equação indicial nos fornece a maneira de podermos afirmar se temos uma ou mais soluções linearmente independentes da equação diferencial. O método de Frobenius, quando possível de ser aplicado, garante pelo menos uma solução da equação diferencial.

Exercício 7.1. Utilize série de potências para resolver o PVI

$$y'' = 2xy' + 4y, \qquad y(0) = 0, \qquad y'(0) = 1$$

com $y = y(x)$.

Resolução. Se

$$y(x) = \sum_{n=0}^{\infty} a_n x^n$$

temos para a primeira e segunda derivadas

$$y'(x) = \sum_{n=1}^{\infty} n a_n x^{n-1} \qquad \text{e} \qquad y''(x) = \sum_{n=2}^{\infty} n(n-1) a_n x^{n-2}.$$

Substituindo na equação dada, obtemos

$$\sum_{n=2}^{\infty} n(n-1) a_n x^{n-2} = 2 \sum_{n=1}^{\infty} n a_n x^n + 4 \sum_{n=0}^{\infty} a_n x^n.$$

Então, reescrevendo a série do primeiro termo, temos

$$\sum_{n=0}^{\infty} (n+2)(n+1) a_{n+2} x^n = 2 \sum_{n=0}^{\infty} n a_n x^n + 4 \sum_{n=0}^{\infty} a_n x^n.$$

Daí, comparando os coeficientes das potências chegamos à chamada relação de recorrência

$$(n+2)(n+1) a_{n+2} = 2n a_n + 4 a_n$$

Resolução de equações diferenciais por séries de potências

ou seja
$$a_{n+2} = \frac{2a_n}{n+1}$$
para $n = 0, 1, 2, \ldots$

Então
$$y(x) = a_0 + a_1 x + 2a_0 x^2 + a_1 x^3 + \frac{4}{3} a_0 x^4 + \frac{1}{2!} a_1 x^5 + \frac{8}{15} a_0 x^6 + \cdots$$

com a_0 e a_1 constantes a serem determinadas pelas condições. Como $y(0) = 0$ e $y'(0) = 1$ temos $a_0 = 0$ e $a_1 = 1$. Portanto, podemos escrever

$$\begin{aligned} y(x) &= x + x^3 + \frac{x^5}{2!} + \frac{x^7}{3!} + \frac{x^9}{4!} + \cdots \\ &= x\left(1 + x^2 + \frac{x^4}{2!} + \frac{x^6}{3!} + \frac{x^8}{4!} + \cdots\right) \\ &= x\, e^{x^2}. \end{aligned}$$

Exercício 7.2. Se
$$y(x) = \sum_{n=0}^{\infty} a_n x^n$$
é a solução geral da equação $y'' - 2x^2 y' + 4xy = x^2 + 2x + 2$ calcular $a_2 + a_5 + a_8 + a_{11}$.

Resolução. Substituindo y, y' e y'' na equação dada, temos

$$\sum_{n=2}^{\infty} n(n-1)a_n x^{n-2} - 2\sum_{n=1}^{\infty} n a_n x^{n+1} + 4\sum_{n=0}^{\infty} a_n x^{n+1} = x^2 + 2x + 2.$$

Daí

$$\sum_{n=0}^{\infty}(n+2)(n+1)a_{n+2}x^n - 2\sum_{n=2}^{\infty}(n-1)a_{n-1}x^n + 4\sum_{n=1}^{\infty}a_{n-1}x^n =$$

$$= x^2 + 2x + 2.$$

Então,

$$n = 0 \implies 2a_2 = 2 \implies a_2 = 1$$
$$n = 1 \implies 6a_3 + 4a_0 = 2 \implies a_3 = \tfrac{1}{3} - \tfrac{2}{3}a_0$$

e $n \geq 2 \implies (n+2)(n+1)a_{n+2} - 2(n-1)a_{n-1} + 4a_{n-1} = 0$
ou ainda, na seguinte forma

$$a_{n+2} = \frac{2(n-3)}{(n+2)(n+1)}a_{n-1}.$$

Da expressão anterior, obtemos

$$n = 3 \implies a_5 = 0$$
$$n = 6 \implies a_8 = 0$$
$$n = 9 \implies a_{11} = 0$$

de onde segue

$$a_2 + a_5 + a_8 + a_{11} = 1.$$

Exercício 7.3. Se $y(x) = \sum_{n=0}^{\infty} a_n x^n$ é a solução do PVI

$$(1-x^2)y'' - 2xy' + 6y = 4x, \qquad y(0) = -1, \qquad y'(0) = 1$$

calcule $y(1)$.

Resolução de equações diferenciais por séries de potências

Resolução. Substituindo y, y' e y'' na equação temos

$$\sum_{n=2}^{\infty} n(n-1)a_n x^{n-2} - \sum_{n=2}^{\infty} n(n-1)a_n x^n - 2\sum_{n=1}^{\infty} na_n x^n +$$

$$+6\sum_{n=0}^{\infty} a_n x^n = 4x.$$

Mas $\sum_{n=2}^{\infty} n(n-1)a_n x^{n-2} = \sum_{n=0}^{\infty} (n+2)(n+1)a_{n+2} x^n$ e, então temos $n=0 \Longrightarrow 2a_2 + 6a_0 = 0 \Longrightarrow a_2 = -3a_0$.

Como $y(0) = a_0 = -1$ temos $a_2 = 3$. Para $n = 1$, temos $6a_3 + 4a_1 = 4$ de onde $a_3 = \frac{4-4a_1}{6}$. Como $y'(0) = a_1 = 1$ temos $a_3 = 0$. Para $n \geq 2$, temos

$$(n+2)(n+1)a_{n+2} - n(n-1)a_n - 2na_n + 6a_n = 0$$

e daí a relação de recorrência

$$a_{n+2} = \frac{(n-2)(n+3)}{(n+2)(n+1)} a_n.$$

Visto que para $n = 2$ temos $a_4 = 0$, podemos concluir que $a_6 = a_8 = \cdots = a_{2n} = 0$, enquanto que para $n = 3$ temos $a_5 = 6a_3/20$. Como $a_3 = 0$ temos que $a_5 = 0$ bem como $a_7 = a_9 = \cdots = a_{2n+1} = 0$.

Portanto, podemos escrever $y(x) = -1 + x + 3x^2$ de onde se segue $y(1) = 3$.

Exercício 7.4. Considere a equação diferencial com $y = y(x)$

$$(1 - x^2)y'' - xy' + y = 0.$$

Dado que a fórmula de recorrência da solução em série

$$y(x) = \sum_{n=0}^{\infty} a_n x^n$$

da equação diferencial dada é

$$a_{n+2} = \frac{n-1}{n+2} a_n$$

para $n \geq 0$, encontre os cinco primeiros termos não nulos da solução sabendo que $y(0) = 2$ e $y'(0) = 3$.

Resolução. Sabemos que $a_0 = 2$ e $a_1 = 3$. Para os demais temos

$n = 0 \implies a_2 = -\frac{a_0}{2} = -1$
$n = 1 \implies a_3 = 0$
$n = 2 \implies a_4 = \frac{a_2}{4} = -\frac{1}{4}$
$n = 3 \implies a_5 = 0$
$n = 4 \implies a_6 = \frac{3a_4}{6} = -\frac{1}{8}$

de onde se segue que

$$y(x) = 2 + 3x - x^2 - \frac{x^4}{4} - \frac{x^6}{8} + \cdots$$

Exercício 7.5. Encontre a solução por série de potências para

$$y'' - x^2 y' - 3xy = 0; \qquad y(0) = 1 = y'(0)$$

com $y = y(x)$.

Resolução de equações diferenciais por séries de potências

Resolução. Se $y(x) = \sum_{n=0}^{\infty} a_n x^n$ substituindo y, y' e y'' na equação diferencial temos

$$\sum_{n=2}^{\infty} n(n-1)a_n x^{n-2} - \sum_{n=1}^{\infty} n a_n x^{n+1} - 3\sum_{n=0}^{\infty} a_n x^{n+1} = 0.$$

Daí

$$\sum_{n=0}^{\infty} (n+2)(n+1)a_{n+2} x^n - \sum_{n=1}^{\infty} (n-1)a_{n-1} x^n - 3\sum_{n=1}^{\infty} a_{n-1} x^n = 0.$$

Explicitando os primeiros termos temos $n = 0 \Longrightarrow a_2 = 0$, enquanto que para $n \geq 1$ temos

$$(n+2)(n+1)a_{n+2} - (n-1)a_{n-1} - 3a_{n-1} = 0$$

ou ainda, na seguinte forma,

$$a_{n+2} = \frac{a_{n-1}}{n+1}.$$

A partir desta relação de recorrência, obtemos

$$n = 1 \implies a_3 = \frac{a_0}{2}$$

$$n = 2 \implies a_4 = \frac{a_1}{3}$$

$$n = 3 \implies a_5 = \frac{a_2}{4} = 0$$

$$n = 4 \implies a_6 = \frac{a_3}{5} = \frac{a_0}{2 \cdot 5}$$

$$n = 5 \implies a_7 = \frac{a_4}{6} = \frac{a_1}{3 \cdot 6}$$

Visto que $a_5 = 0$, concluímos que $a_8 = a_{11} = \cdots = a_{3n+2} = 0$ para $n \geq 0$. Então,

$$\begin{aligned} y(x) &= a_0 + a_1 x + a_2 x^2 + a_3 x^3 + \cdots \\ &= a_0 + a_1 x + \frac{a_0}{2} x^3 + \frac{a_1}{3} x^4 + \frac{a_0}{2 \cdot 5} x^6 + \frac{a_1}{3 \cdot 6} x^7 + \cdots \\ &= a_0 \left(1 + \frac{x^3}{2} + \frac{x^6}{2 \cdot 5} + \cdots \right) + a_1 \left(x + \frac{x^4}{3} + \frac{x^7}{3 \cdot 6} + \cdots \right) \\ &= a_0 \left(1 + \sum_{n=1}^{\infty} \frac{x^{3n}}{2 \cdot 5 \cdot 8 \cdots (3n-1)} \right) + \\ &\quad + a_1 \left(x + \sum_{n=1}^{\infty} \frac{x^{3n+1}}{3 \cdot 6 \cdot 9 \cdots (3n)} \right) \end{aligned}$$

ou ainda na seguinte forma

$$y(x) = a_0 \left(1 + \sum_{n=1}^{\infty} \frac{x^{3n}}{\prod_{j=1}^{n}(3j-1)} \right) + a_1 \left(x + \sum_{n=1}^{\infty} \frac{x^{3n+1}}{\prod_{j=1}^{n}(3j)} \right)$$

Utilizando as condições $y(0) = 1 = y'(0)$ temos $a_0 = 1 = a_1$.

Exercício 7.6. Encontre o valor máximo de

$$y(x) = \sum_{n=0}^{\infty} a_n x^n$$

sabendo que $y(x)$ satisfaz a equação $y'' + xy' - 2y = -8x - 14$ e as condições $y(0) = 5$ e $y'(0) = 8$.

Resolução. Das condições dadas temos $a_0 = 5$ e $a_1 = 8$. Substituindo y, y' e y'' na equação diferencial, obtemos

$$\sum_{n=2}^{\infty} n(n-1) a_n x^{n-2} + \sum_{n=1}^{\infty} n a_n x^n - 2 \sum_{n=0}^{\infty} a_n x^n = -8x - 14.$$

Mas

$$\sum_{n=2}^{\infty} n(n-1)a_n x^{n-2} = \sum_{n=0}^{\infty} (n+2)(n+1)a_{n+2} x^n$$

e, então temos $n = 0 \Longrightarrow 2a_2 - 2a_0 = -14 \Longrightarrow a_2 = -2$ bem como $n = 1 \Longrightarrow 6a_3 - a_1 = -8 \Longrightarrow a_3 = 0$, enquanto que para $n \geq 2$ temos a relação de recorrência

$$(n+2)(n+1)a_{n+2} + na_n - 2a_n = 0$$

ou ainda, na seguinte forma

$$a_{n+2} = \frac{2-n}{(n+2)(n+1)} a_n.$$

Para $n = 2$, temos $a_4 = 0$ portanto $a_n = 0$ para $\forall n \geq 3$, logo

$$y(x) = 5 + 8x - 2x^2$$

de onde segue que o valor máximo é $y(2) = 13$.

Exercício 7.7. Encontre a solução por série de Frobenius correspondente à maior raiz da equação indicial para a equação diferencial

$$x^2 y'' + (x^2 - 3x)y' + 3y = 0$$

com $y = y(x)$. Expresse a solução como uma função elementar.

Resolução. Seja $y(x) = \sum_{n=0}^{\infty} a_n x^{n+r}$. Calculando a primeira e segunda derivadas e substituindo na equação diferencial, temos

$$\sum_{n=0}^{\infty}(n+r)(n+r-1)a_n x^{n+r} + \sum_{n=0}^{\infty}(n+r)a_n x^{n+r+1} -$$

$$-3\sum_{n=0}^{\infty}(n+r)a_n x^{n+r} + 3\sum_{n=0}^{\infty}a_n x^{n+r} = 0.$$

Mas

$$\sum_{n=0}^{\infty}(n+r)a_n x^{n+r+1} = \sum_{n=1}^{\infty}(n+r-1)a_{n-1} x^{n+r}.$$

Daí, para $n=0$, encontramos a equação indicial

$$[r(r-1)-3r+3]a_0 = 0 \implies r^2 - 4r + 3 = 0$$

cujas raízes são $r_1 = 3$ e $r_2 = 1$. Para $n \geq 1$ obtemos a relação de recorrência

$$[(n+r)(n+r-1) - 3(n+r) + 3]a_n = -(n+r-1)a_{n-1}$$

associada a cada uma das raízes. Como o problema pede a solução apenas para a maior raiz da equação indicial, temos $r=3$. Então,

$$a_n = -\frac{a_{n-1}}{n}$$

de onde se segue

$$a_1 = -a_0$$

$$a_2 = -\frac{a_1}{2} = \frac{a_0}{2}$$

$$a_3 = -\frac{a_2}{3} = -\frac{a_0}{2 \cdot 3}$$

$$a_4 = -\frac{a_3}{4} = \frac{a_0}{4!}$$

Resolução de equações diferenciais por séries de potências

Então, podemos escrever

$$y(x) = x^3\left(a_0 - a_0 x + \frac{a_0}{2}x^2 - \frac{a_0}{3!}x^3 + \frac{a_0}{4!}x^4 - \cdots\right)$$

$$= a_0 x^3 \left(1 - x + \frac{x^2}{2!} - \frac{x^3}{3!} + \frac{x^4}{4!} - \cdots\right) = a_0 x^3 e^{-x}$$

onde a_0 é uma constante.

Exercício 7.8. Encontre a solução por série de Frobenius correspondente à menor raiz da equação indicial para a equação diferencial com $y = y(x)$

$$2x^2 y'' + (4x^3 + 3x)y' - 6y = 0.$$

Resolução. Se $y(x) = \sum_{n=0}^{\infty} a_n x^{n+r}$ substituindo y, y' e y'' na equação diferencial obtemos

$$2\sum_{n=0}^{\infty}(n+r)(n+r-1)a_n x^{n+r} + 4\sum_{n=0}^{\infty}(n+r)a_n x^{n+r+2} +$$

$$+3\sum_{n=0}^{\infty}(n+r)a_n x^{n+r} - 6\sum_{n=0}^{\infty} a_n x^{n+r} = 0.$$

Como

$$\sum_{n=0}^{\infty}(n+r)a_n x^{n+r+2} = \sum_{n=2}^{\infty}(n+r-2)a_{n-2} x^{n+r}$$

para $n = 0$, temos $[2r(r-1) + 3r - 6]a_0 = 0$ e a equação indicial $2r^2 + r - 6 = 0$ com raízes dadas por $r_1 = 3/2$ e

$r_2 = -2$. Para $n = 1$, temos $[2(r+1)r + 3(r+1) - 6]a_1 = 0$ que, para $r = -2$ (menor raiz) fornece $-5a_1 = 0$ ou ainda $a_1 = 0$.

Para $n \geq 2$ temos

$$2(n+r)(n+r-1)a_n + 4(n+r-2)a_{n-2} + 3(n+r)a_n - 6a_n = 0$$

que, novamente, para $r = -2$ fornece

$$[2(n-2)(n-3) + 3(n-2) - 6]a_n = -4(n-4)a_{n-2}$$

ou ainda, na seguinte forma

$$a_n = -\frac{4(n-4)}{n(2n-7)}a_{n-2}.$$

Explicitando os termos, temos, $a_2 = -\frac{4}{3}a_0$; $a_3 = -\frac{4}{3}a_1 = 0$; $a_4 = 0$, de onde se segue $a_5 = a_6 = \cdots = 0$ ou seja $a_n = 0$ para $\forall n \geq 3$. Enfim, obtemos para a solução correspondendo à menor raiz da equação indicial

$$y(x) = a_0 x^{-2}\left(1 - \frac{4}{3}x^2\right)$$

onde a_0 é uma constante.

Resolução de equações diferenciais por séries de potências

Exercício 7.9. Encontre a solução geral da equação diferencial homogênea $y'' + xy' + 2y = 0$ em série de potências de x.

Resolução. Se $y(x) = \sum_{n=0}^{\infty} a_n x^n$ calculando as derivadas e substituindo na equação diferencial temos

$$\sum_{n=2}^{\infty} n(n-1)a_n x^{n-2} + \sum_{n=1}^{\infty} na_n x^n + 2\sum_{n=0}^{\infty} a_n x^n = 0$$

ou, rearranjando, na forma

$$\sum_{n=0}^{\infty} (n+2)(n+1)a_{n+2} x^n + \sum_{n=0}^{\infty} na_n x^n + 2\sum_{n=0}^{\infty} a_n x^n = 0.$$

Daí $(n+2)(n+1)a_{n+2} + na_n + 2a_n = 0$ para $n = 0, 1, 2, \ldots$
Logo

$$a_{n+2} = -\frac{a_n}{n+1}$$

para $n = 0, 1, 2, \ldots$ Então,

$$y(x) = a_0 \left(1 - \frac{x^2}{1} + \frac{x^4}{1 \cdot 3} - \frac{x^6}{1 \cdot 3 \cdot 5} + \cdots\right) +$$

$$+ a_1 \left(x - \frac{x^3}{2} + \frac{x^5}{2 \cdot 4} - \frac{x^7}{2 \cdot 4 \cdot 6} + \cdots\right)$$

$$= a_0 y_1(x) + a_1 y_2(x)$$

com a_0 e a_1 constantes.

Note que $y_1(x)$ é uma função par e $y_2(x)$ é uma função ímpar, logo $\{y_1(x), y_2(x)\}$ é LI e temos a solução geral.

Exercício 7.10. Encontre a solução geral da equação diferencial $y'' - xy' - y = 0$, $y = y(x)$, em série de potências de $x - 1$.

Resolução. Reescrevemos a equação diferencial homogênea na forma $y'' - (x-1)y' - y' - y = 0$. Daí, se $y(x) = \sum_{n=0}^{\infty} a_n(x-1)^n$ substituindo y, y' e y'' temos:

$$\sum_{n=2}^{\infty} n(n-1)a_n(x-1)^{n-2} - \sum_{n=1}^{\infty} na_n(x-1)^n -$$

$$-\sum_{n=1}^{\infty} na_n(x-1)^{n-1} - \sum_{n=0}^{\infty} a_n(x-1)^n = 0$$

ou ainda, na seguinte forma,

$$\sum_{n=0}^{\infty} (n+2)(n+1)a_{n+2}(x-1)^n - \sum_{n=0}^{\infty} na_n(x-1)^n -$$

$$-\sum_{n=0}^{\infty} (n+1)a_{n+1}(x-1)^n - \sum_{n=0}^{\infty} a_n(x-1)^n = 0.$$

Então $(n+2)(n+1)a_{n+2} - na_n - (n+1)a_{n+1} - a_n = 0$ para $n = 0, 1, 2, \ldots$ Daí

$$a_{n+2} = \frac{a_n + a_{n+1}}{n+2}$$

para $n = 0, 1, 2, \ldots$ e

$$y(x) = a_0 + a_1(x-1) + \left(\frac{a_0 + a_1}{2}\right)(x-1)^2 +$$

$$+ \left(\frac{3a_1 + a_0}{6}\right)(x-1)^3 + \cdots$$

com a_0 e a_1 constantes.

Resolução de equações diferenciais por séries de potências

Exercício 7.11. Resolver o PVI $y'' - xy' - y = 0$, para $y = y(x)$, $y(1) = 2$ e $y'(1) = 1$.

Resolução. Essa equação diferencial foi resolvida no Exercício 7.10 utilizando série de potências de $(x-1)$. Para $y(1) = 2$ e $y'(1) = 1$ temos $a_0 = 2$ e $a_1 = 1$. Logo, a solução é

$$y(x) = 2 + (x-1) + \frac{3}{2}(x-1)^2 + \frac{5}{6}(x-1)^3 + \cdots$$

Exercício 7.12. Utilizando série de potências, resolver a equação diferencial, $y = y(x)$,

$$y'' - xy' = 12x^3.$$

Resolução. Se $y(x) = \sum_{n=0}^{\infty} a_n x^n$ temos

$$\sum_{n=2}^{\infty} n(n-1) a_n x^{n-2} - \sum_{n=0}^{\infty} n a_n x^n = 12x^3$$

ou ainda, mudando o índice no primeiro somatório

$$\sum_{n=0}^{\infty} (n+2)(n+1) a_{n+2} x^n - \sum_{n=0}^{\infty} n a_n x^n = 12x^3.$$

Considerando os termos, até $n = 3$, separadamente, podemos escrever

$n = 0 \implies 2a_2 = 0 \implies a_2 = 0$
$n = 1 \implies 3 \cdot 2a_3 - a_1 = 0 \implies a_3 = a_1/6$
$n = 2 \implies 4 \cdot 3a_4 - 2a_2 = 0 \implies a_4 = 0$
$n = 3 \implies 5 \cdot 4a_5 - 3a_3 = 12 \implies a_5 = [12 + (a_1)/2]/20$
$\phantom{n = 3 \implies 5 \cdot 4a_5 - 3a_3 = 12 \implies{}} a_5 = 3/5 + a_1/40$

bem como $n \geq 4 \implies (n+2)(n+1)a_{n+2} - na_n = 0$ ou ainda na forma
$$a_{n+2} = \frac{n}{(n+2)(n+1)}a_n.$$
Então,
$$y(x) = a_0 + a_1 x + \frac{a_1}{6}x^3 + \left(\frac{3}{5} + \frac{a_1}{40}\right)x^5 +$$
$$+ \left(\frac{1}{2\cdot 7} + \frac{a_1}{8\cdot 7\cdot 6}\right)x^7 + \cdots$$
ou ainda, na seguinte forma
$$y(x) = a_0 + a_1\left(x + \frac{x^3}{6} + \frac{x^5}{40} + \frac{x^7}{336} + \cdots\right) +$$
$$+ \left(\frac{3}{5}x^5 + \frac{1}{2\cdot 7}x^7 + \cdots\right)$$

Exercício 7.13. Encontre a solução em série de Frobenius da equação diferencial $x^2 y'' + (x^2 - 2x)y' + 2y = 0$, $y = y(x)$, correspondente à maior raiz da equação indicial.

Resolução. Se $y(x) = \sum_{n=0}^{\infty} a_n x^{n+r}$ calculando as derivadas y' e y'' e substituindo na equação diferencial temos

$$\sum_{n=0}^{\infty}(n+r)(n+r-1)a_n x^{n+r} + \sum_{n=0}^{\infty}(n+r)a_n x^{n+r+1} -$$
$$-2\sum_{n=0}^{\infty}(n+r)a_n x^{n+r} + 2\sum_{n=0}^{\infty} a_n x^{n+r} = 0$$

ou na seguinte forma

$$\sum_{n=0}^{\infty}(n+r)(n+r-1)a_n x^{n+r} + \sum_{n=1}^{\infty}(n+r-1)a_{n-1}x^{n+r} -$$

$$-2\sum_{n=0}^{\infty}(n+r)a_n x^{n+r} + 2\sum_{n=0}^{\infty} a_n x^{n+r} = 0$$

que, para $n=0$ fornece $[r(r-1)-2r+2]a_0 = 0$ e a equação indicial $r^2 - 3r + 2 = 0$ cujas raízes são $r_1 = 2$ e $r_2 = 1$, enquanto que para $n \geq 1$, temos

$$(n+r)(n+r-1)a_n + (n+r-1)a_{n-1} - 2(n+r)a_n + 2a_n = 0.$$

Para $r_1 = 2$ (maior raiz da equação indicial), obtemos

$$a_n = -\frac{a_{n-1}}{n}.$$

Então,

$$\begin{aligned}
y(x) &= x^r \sum_{n=0}^{\infty} a_n x^n \\
&= x^2 \left(a_0 - a_0 x + \frac{a_0}{2}x^2 - \frac{a_0}{3!}x^3 + \frac{a_0}{4!}x^4 - \cdots\right) \\
&= a_0 x^2 \left(1 - x + \frac{x^2}{2!} - \frac{x^3}{3!} + \frac{x^4}{4!} - \cdots\right) \\
&= a_0 x^2 e^{-x}
\end{aligned}$$

com a_0 uma constante.

Exercício 7.14. Encontre a solução em série de Frobenius para a equação diferencial $x^2 y'' + 2x^3 y' + \left(x^2 - \dfrac{3}{4}\right) y = 0$, $y = y(x)$, correspondente à menor raiz da equação indicial.

Resolução. Substituindo $y(x) = \sum\limits_{n=0}^{\infty} a_n x^{n+r}$ e suas derivadas na equação diferencial dada, obtemos

$$\sum_{n=0}^{\infty}(n+r)(n+r-1)a_n x^{n+r} + 2\sum_{n=0}^{\infty}(n+r)a_n x^{n+r+2} +$$

$$+ \sum_{n=0}^{\infty} a_n x^{n+r+2} - \frac{3}{4}\sum_{n=0}^{\infty} a_n x^{n+r} = 0$$

que reescrevemos na forma

$$\sum_{n=0}^{\infty}(n+r)(n+r-1)a_n x^{n+r} + 2\sum_{n=2}^{\infty}(n+r-2)a_{n-2} x^{n+r} +$$

$$+ \sum_{n=2}^{\infty} a_{n-2} x^{n+r} - \frac{3}{4}\sum_{n=0}^{\infty} a_n x^{n+r} = 0.$$

Para $n = 0$, obtemos $[r(r-1) - \frac{3}{4}]a_0 = 0$ e, portanto, as raízes da equação indicial são $r_1 = \frac{3}{2}$ e $r_2 = -\frac{1}{2}$. Para $n = 1$, temos $(r+1)r a_1 - \frac{3}{4} a_1 = 0$ e como o problema pede a solução para $r = -\frac{1}{2}$ temos $a_1 = 0$.

Para $n \geq 2$ e $r = -\frac{1}{2}$ chegamos a

$$(n^2 - 2n)a_n = (-2n + 4)a_{n-2}.$$

Desta expressão, para $n = 2$ temos $0 \cdot a_2 = 0$ e, portanto, a_2 é arbitrário. Para $n > 2$ temos

$$a_n = -\frac{2}{n} a_{n-2}.$$

Então,

$$y(x) = x^{-\frac{1}{2}}\left(a_0 + a_2 x^2 - \frac{1}{2!}a_2 x^4 + \frac{1}{3!}a_2 x^6 - \frac{1}{4!}a_2 x^8 + \cdots\right)$$

$$= a_0 x^{-\frac{1}{2}} + \underbrace{a_2 x^{-\frac{1}{2}}\left(x^2 - \frac{1}{2!}x^4 + \frac{1}{3!}x^6 - \frac{1}{4!}x^8 + \cdots\right)}$$

que, por conter duas constantes arbitrárias, a_0 e a_2, é a solução geral. Verifique que a segunda parcela em $y(x)$ na expressão anterior é a solução que se obtém se utilizarmos a raiz $r = 3/2$.

Exercício 7.15. Encontre a série de Frobenius que é a solução da equação diferencial $2x^2 y'' + 7x(x+1)y' - 3y = 0$, $y = y(x)$, correspondente à menor raiz da equação indicial.

Resolução. Substituindo $y(x) = \sum_{n=0}^{\infty} a_n x^{n+r}$ e suas derivadas na equação diferencial dada, obtemos

$$2\sum_{n=0}^{\infty}(n+r)(n+r-1)a_n x^{n+r} + 7\sum_{n=0}^{\infty}(n+r)a_n x^{n+r+1} +$$

$$+7\sum_{n=0}^{\infty}(n+r)a_n x^{n+r} - 3\sum_{n=0}^{\infty} a_n x^{n+r} = 0$$

ou ainda na forma

$$2\sum_{n=0}^{\infty}(n+r)(n+r-1)a_n x^{n+r} + 7\sum_{n=1}^{\infty}(n+r-1)a_{n-1} x^{n+r} +$$

$$+7\sum_{n=0}^{\infty}(n+r)a_n x^{n+r} - 3\sum_{n=0}^{\infty} a_n x^{n+r} = 0.$$

Para $n = 0$, temos $(2r^2 + 5r - 3)a_0 = 0$ e as raízes da equação indicial são $r_1 = \frac{1}{2}$ e $r_2 = -3$. Para $n \geq 1$ e $r = -3$, obtemos a relação de recorrência

$$a_n = -\frac{7(n-4)}{n(2n-7)} a_{n-1}.$$

Então,

$$a_1 = -\frac{21}{5}a_0, \quad a_2 = \frac{49}{5}a_0, \quad a_3 = -\frac{343}{15}a_0 \quad \text{e} \quad a_4 = 0$$

e, portanto, $a_n = 0$ para $n \geq 4$. Logo, podemos escrever para a solução

$$y(x) = a_0\, x^{-3}\left(1 - \frac{21}{5}x + \frac{49}{5}x^2 - \frac{343}{15}x^3\right)$$

com a_0 uma constante.

Exercício 7.16. Mostre que a equação diferencial ordinária

$$x^3 y'' + y' = 0,$$

$y = y(x)$, não admite soluções não triviais em série da forma

$$\sum_{n=0}^{\infty} a_n x^{n+r}$$

com $a_0 \neq 0$, para qualquer número $r \in \mathbb{R}$.

Resolução. Visto que é uma equação redutível, introduzimos a mudança de variável dependente, $y'(x) = u(x)$ de onde se segue a equação diferencial $x^3 u' + u = 0$.

Resolução de equações diferenciais por séries de potências

Consideremos a série de Frobenius

$$u(x) = \sum_{n=0}^{\infty} a_n x^{n+r}, \quad \text{com} \quad a_0 \neq 0$$

que, após derivada e substituída na equação diferencial na variável $u(x)$, permite escrever

$$\sum_{n=2}^{\infty}(n+r-2)a_{n-2}x^{n+r} + \sum_{n=0}^{\infty} a_n x^{n+r} = 0.$$

Do segundo somatório, eliminando o termo correspondente a $n = 0$ concluímos que $a_0 = 0$, contrariando a hipótese $a_0 \neq 0$. Logo, não existe uma série do tipo Frobenius para a equação na variável $u(x)$, exceto a solução trivial, $u(x) = 0$. Com isto, não temos soluções do tipo Frobenius para a equação na variável $y(x)$, exceto, a solução $y(x) = $ constante.

Exercício 7.17. Mostre que a equação diferencial

$$4x^2 y'' - 8x^2 y' + (4x^2 + 1)y = 0,$$

$y = y(x)$, tem somente uma solução em série de Frobenius. Encontre a solução geral.

Resolução. Seja $y(x) = \sum_{n=0}^{\infty} a_n x^{n+r}$. Calculando as derivadas e substituindo na equação diferencial, obtemos

$$\sum_{n=0}^{\infty} 4(n+r)(n+r-1)a_n x^{n+r} - \sum_{n=1}^{\infty} 8(n+r-1)a_{n-1}x^{n+r} +$$

$$+ \sum_{n=2}^{\infty} 4a_{n-2}x^{n+r} + \sum_{n=0}^{\infty} a_n x^{n+r} = 0.$$

Separando os dois primeiros termos no primeiro e no último somatórios bem como o primeiro termo no segundo somatório, de modo a explicitar os demais em um único somatório, podemos escrever

$$[4r(r-1)+1]a_0 x^r + [4r(r+1)a_1 - 8ra_0 + a_1]x^{r+1} +$$

$$+ \sum_{n=2}^{\infty} \{[4(n+r)(n+r-1)+1]a_n - 8(n+r-1)a_{n-1} +$$

$$+ 4a_{n-2}\} x^{n+r} = 0.$$

A equação indicial é $4r^2 - 4r + 1 = 0$ que fornece uma raiz dupla, isto é, $r = 1/2$ é raiz de multiplicidade dois. Substituindo $r = 1/2$ na equação

$$4r(r+1)a_1 - 8ra_0 + a_1 = 0$$

obtemos $a_1 = a_0$. Enfim, a relação de recorrência (relação de três termos) é dada por

$$a_n = \frac{1}{n^2}[(2n-1)a_{n-1} - a_{n-2}]$$

válida para $n \geq 2$.

Escrevendo explicitamente os primeiros termos da série, temos

$$a_2 = \frac{1}{4}(3a_1 - a_0) = \frac{a_0}{2}$$

$$a_3 = \frac{1}{9}(5a_2 - a_1) = \frac{a_0}{6}$$

$$a_4 = \frac{1}{16}(7a_3 - a_2) = \frac{a_0}{24}$$

Resolução de equações diferenciais por séries de potências

de onde se segue

$$y_1(x) = x^{\frac{1}{2}}\left(a_0 + a_0 x + \frac{a_0}{2!}x^2 + \frac{a_0}{3!}x^3 + \frac{a_0}{4!}x^4 + \cdots\right)$$

ou ainda, na seguinte forma,

$$y_1(x) = a_0 x^{\frac{1}{2}}\, e^x$$

que é a série de Frobenius.

Visto que queremos a solução geral, temos duas possibilidades, a saber: utilizar o método de Frobenius generalizado ou utilizar redução de ordem. Neste caso, é conhecida uma solução na forma fechada, é mais conveniente utilizar redução de ordem, isto é, vamos procurar uma segunda solução linearmente independente da forma

$$y_2(x) = x^{\frac{1}{2}}\, e^x u(x)$$

em que $u(x)$ deve ser determinado impondo que $y_2(x)$ satisfaz a equação diferencial. Calculando as derivadas, substituindo na equação diferencial e simplificando, temos que $u(x)$ satisfaz a equação diferencial

$$4x^2 u'' + 4x u' = 0$$

que é uma equação redutível. Logo, a solução geral da equação na variável $u(x)$ é $u(x) = A\ln|x| + B$ com A e B constantes. Voltando na variável $y(x)$, temos que a solução geral da equação de partida é dada por

$$y(x) = x^{\frac{1}{2}}\, e^x (A\ln|x| + B)$$

com A e B constantes.

Exercício 7.18. A chamada equação de Tchebyshev é dada por

$$(1-x^2)\frac{d^2}{dx^2}y(x) - x\frac{d}{dx}y(x) + n^2 y(x) = 0$$

com $n = 0, 1, 2, \ldots$ Mostre que esta equação admite solução polinomial, em torno de $x = 0$.

Resolução. Considere $y(x) = \sum_{k=0}^{\infty} a_k x^k$. Substituindo y, y' e y'' na equação diferencial, temos

$$\sum_{k=2}^{\infty} k(k-1)a_k x^{k-2} - \sum_{k=2}^{\infty} k(k-1)a_k x^k - \sum_{k=1}^{\infty} k a_k x^k + n^2 \sum_{k=0}^{\infty} a_k x^k.$$

Vamos, no primeiro somatório, introduzir a mudança de índice $k \to k+2$ e rearranjando, temos

$$\sum_{k=0}^{\infty}(k+2)(k+1)a_{k+2} x^k - \sum_{k=2}^{\infty} k(k-1) a_k x^k - \sum_{k=0}^{\infty} k a_k x^k +$$

$$+ n^2 \sum_{k=0}^{\infty} a_k x^k = 0.$$

Explicitando os termos, podemos escrever

$$k = 0 \implies 2a_2 + n^2 a_0 = 0 \implies a_2 = -\frac{n^2 a_0}{2}$$

$$k = 1 \implies 3 \cdot 2 a_3 - a_1 + n^2 a_1 = 0 \implies a_3 = \frac{(1-n^2)}{3!} a_1$$

$$k \geq 2 \implies a_{k+2} = \frac{(k^2 - n^2)}{(k+2)(k+1)} a_k$$

$$k = 2 \implies a_4 = \frac{(2^2 - n^2)}{4 \cdot 3} a_2 = -\frac{(2^2 - n^2)}{4!} n^2 a_0$$

$$k = 3 \implies a_5 = \frac{(3^2 - n^2)}{5 \cdot 4} a_3 = \frac{(3^2 - n^2)(1 - n^2)}{5!} a_1$$

de onde se segue para a solução

$$y(x) = a_0 + a_1 x - \frac{n^2}{2!} a_0 x^2 + \frac{(1-n^2)}{3!} a_1 x^3 -$$
$$+ \frac{(2^2-n^2)n^2}{4!} a_0 x^4 + \frac{(3^2-n^2)(1-n^2)}{5!} a_1 x^5 - \cdots$$

ou ainda, na seguinte forma

$$y(x) = a_0 y_1(x) + a_1 y(x)$$

em que

$$y_1(x) = 1 - \frac{n^2}{2!} x^2 - \frac{(2^2-n^2)n^2}{4!} x^4 - \cdots$$

e

$$y_2 = x + \frac{(1-n^2)}{3!} x^3 + \frac{(3^2-n^2)(1-n^2)}{5!} x^5 - \cdots$$

Note que, como n é natural, se n é par $y_1(x)$ será um polinômio e se n é ímpar $y_2(x)$ será um polinômio.

Exercício 7.19 Conforme o Exercício 7.18, mostramos que a equação de Tchebyshev admite solução polinomial. Mostre que

$$T_n(x) = \cos(n \arccos x)$$

com $n = 0, 1, 2, \ldots$ satisfazendo a normalização $T_n(1) = 1$, chamados polinômios de Tchebyshev do tipo I, são soluções da equação de Tchebyshev

$$(1-x^2)\frac{d^2}{dx^2} y(x) - x \frac{d}{dx} y(x) + n^2 y(x) = 0.$$

Resolução. Seja a seguinte mudança $x = \cos\theta$. Calculando as derivadas e substituindo na equação de Tchebyshev, obtemos

$$\text{sen}^2\theta\left(\text{sen}^{-2}\theta\frac{\mathrm{d}^2}{\mathrm{d}\theta^2}y(\theta) - \text{sen}^{-3}\theta\cos\theta\frac{\mathrm{d}}{\mathrm{d}\theta}y(\theta)\right) -$$

$$- \cos\theta(-\text{sen}^{-1}\theta)\frac{\mathrm{d}}{\mathrm{d}\theta}y(\theta) + n^2 y(\theta) = 0$$

ou ainda, após simplificação, na seguinte forma

$$\frac{\mathrm{d}^2}{\mathrm{d}\theta^2}y(\theta) + n^2 y(\theta) = 0$$

com solução geral dada por

$$T(\theta) = A\cos(n\theta) + B\,\text{sen}\,(n\theta)$$

com A e B constantes arbitrárias. Da condição de normalização para os polinômios de Tchebyshev, $T_n(1) = 1$ concluímos que

$$y(x) = \cos(n\arccos x) \equiv T_n(x).$$

Exercício 7.20 Mostre, utilizando série de Frobenius, que a equação diferencial

$$x\frac{\mathrm{d}^2}{\mathrm{d}x^2}y(x) + (2-x)\frac{\mathrm{d}}{\mathrm{d}x}y(x) - y(x) = 0$$

admite como solução geral

$$y(x) = C_1 y_1(x) + C_2 y_2(x)$$

com C_1 e C_2 constantes arbitrárias e as soluções linearmente independentes $y_1(x)$ e $y_2(x)$ são dadas, respectivamente, por

$$y_1(x) = \frac{1}{x} \quad \text{e} \quad y_2(x) = \frac{1}{x}\mathrm{e}^x.$$

Resolução de equações diferenciais por séries de potências

Resolução. Consideremos a série $y(x) = \sum_{k=0}^{\infty} a_k x^{k+r}$. Calculando as derivadas e substituindo na equação diferencial, obtemos

$$\sum_{k=0}^{\infty}(k+r)(k+r+1)a_k x^{k+r-1} - \sum_{k=0}^{\infty}(k+r+1)a_k x^{k+r} = 0$$

ou ainda, na seguinte forma,

$$\sum_{k=0}^{\infty}(k+r)(k+r+1)a_k x^{k+r-1} - \sum_{k=1}^{\infty}(k+r)a_{k-1} x^{k+r-1} = 0.$$

A equação indicial $r(r+1)a_0 = 0$ admite como soluções $r_1 = 0$ e $r_2 = -1$. Vamos trabalhar com $r = r_2 = -1$. Para $k = 1$ temos $0 \cdot a_1 = 0 \cdot a_0$ de onde a_1 é arbitrário. Para $k \geq 2$, obtemos a relação de recorrência

$$a_k = \frac{a_{k-1}}{k}.$$

Escrevendo explicitamente os primeiros termos da série, associado à raiz $r = -1$, temos

$$a_2 = \frac{a_1}{2!}$$

$$a_3 = \frac{1}{3}a_2 = \frac{a_1}{3!}$$

$$a_4 = \frac{1}{4}a_3 = \frac{a_1}{4!}$$

de onde podemos escrever

$$y(x) = x^{-1}\left(a_0 + a_1 x + \frac{a_1}{2!}x^2 + \frac{a_1}{3!}x^3 + \frac{a_1}{4!}x^4 + \cdots\right)$$

$$= \frac{a_0}{x} + \frac{a_1}{x}(e^x - 1)$$

$$= \frac{a_0 - a_1}{x} + \frac{a_1}{x}e^x$$

ou ainda

$$y(x) = C_1 y_1(x) + C_2 y_2(x)$$

onde $C_1 = a_0 - a_1$, $C_2 = a_1$, $y_1(x) = \dfrac{1}{x}$ e $y_2(x) = \dfrac{e^x}{x}$.

Exercício 7.21. Utilize o método de Frobenius para resolver a equação diferencial

$$2xy'' + (3 - 2x)y' - y = 0, \qquad y = y(x).$$

Resolução. Consideremos uma solução dada na forma

$$y(x) = \sum_{n=0}^{\infty} a_n x^{n+r}.$$

Calculando as derivadas, substituindo na equação e rearranjando os termos de mesma potência, podemos escrever

$$\sum_{n=0}^{\infty} a_n(n+r)(2n+2r+1)x^{n+r-1} - \sum_{n=0}^{\infty} a_n(2n+2r+1)x^{n+r} = 0.$$

Mudando o índice de soma, $n \to n-1$, no segundo somatório, obtemos

$$\sum_{n=0}^{\infty} a_n(n+r)(2n+2r+1)x^{n+r-1} - \sum_{n=1}^{\infty} a_{n-1}(2n+2r-1)x^{n+r-1} = 0,$$

de onde se segue a equação indicial

$$a_0 r(2r+1) = 0$$

cujas raízes são $r_1 = -1/2$ e $r_2 = 0$. Para r_1, obtemos a relação de recorrência

$$a_n = \frac{2n-2}{n(2n-1)} a_{n-1}$$

para $n = 1, 2, 3, \ldots$ Desta relação temos $a_1 = a_2 = \cdots = 0$ de onde se segue que

$$y_1(x) = C_1\, x^{-1/2}$$

com C_1 uma constante arbitrária, é solução da equação diferencial.

A outra raiz da equação indicial fornece a seguinte relação de recorrência

$$a_k = \frac{2n-1}{n(2n+1)} a_{n-1}$$

para $n = 1, 2, 3, \ldots$ Escrevendo alguns poucos termos da série, temos

$$n = 1 \quad a_1 = \frac{a_0}{1 \cdot 3}$$

$$n = 2 \quad a_2 = \frac{3}{2 \cdot 5} a_1 = \frac{a_0}{2 \cdot 5}$$

$$n = 3 \quad a_3 = \frac{5}{3 \cdot 7} a_2 = \frac{a_0}{2 \cdot 3 \cdot 7}$$

de onde se segue a segunda solução da equação diferencial

$$y_2(x) = C_2 \left(1 + \frac{x}{3} + \frac{x^2}{10} + \frac{x^3}{42} + \cdots\right)$$

com C_2 uma constante arbitrária.

A fim de mostrar que $y_1(x)$ e $y_2(x)$ são soluções linearmente independentes, basta mostrar que o Wronskiano é diferente de zero. Neste caso, o método de Frobenius forneceu duas soluções linearmente independentes. Este é sempre o caso quando a diferença das raízes da equação indicial não é um inteiro. Daí, a solução geral da equação diferencial é dada por

$$y(x) = C_1 y_1(x) + C_2 y_2(x)$$

com C_1 e C_2 constantes arbitrárias e $y_1(x)$ e $y_2(x)$ conforme acima obtidos.

A álgebra é generosa; ela frequentemente dá
mais do que aquilo que lhe é pedido.

1717 – Jean le Rond d'Alembert – 1783

8
Funções especiais

Este capítulo é dedicado às equações diferenciais ordinárias, lineares e de segunda ordem cuja solução é dada em termos das clássicas funções especiais. O importante é reduzir a equação diferencial que descreve o problema a uma das equações que já são bem estudadas, isto é, no sentido de que sua solução e respectivas propriedades são conhecidas.

As clássicas funções especiais se constituem na classe de funções que admitem três pontos singulares regulares, incluindo um no infinito. A solução desta equação diferencial é a chamada função hipergeométrica contendo três parâmetros. Casos particulares destes parâmetros nos levam aos polinômios de Jacobi, de Legendre e de Tchebyshev. A confluência de dois dos pontos singulares da equação hipergeométrica nos leva à chamada equação hipergeométrica confluente, cuja solução é dada em termos das chamadas funções hipergeométricas confluentes, contendo dois parâmetros. Casos particulares destes parâmetros são os polinômios de Laguerre e de Hermite e as funções de Bessel.

Exercício 8.1. Considere a chamada equação de Bessel

$$x^2 y'' + xy' + (x^2 - \mu^2)y = 0 \quad \text{com} \quad y = y(x)$$

sendo μ um parâmetro. a) Utilize o método de Frobenius para determinar a equação indicial. b) Discuta os possíveis valores das raízes da equação indicial em função do parâmetro μ. c) Escreva a relação de recorrência.

Resolução. a) Seja $y(x) = \sum_{n=0}^{\infty} a_n x^{n+r}$. Introduzindo na equação diferencial e rearranjando, obtemos

$$\sum_{n=0}^{\infty} [(n+r)^2 - \mu^2] a_n x^{n+r} + \sum_{n=0}^{\infty} a_n x^{n+r+2} = 0.$$

Mudando o índice de soma $n \to n-2$ no segundo somatório, podemos escrever

$$\sum_{n=0}^{\infty} [(n+r)^2 - \mu^2] a_n x^{n+r} + \sum_{n=2}^{\infty} a_{n-2} x^{n+r} = 0.$$

Separando os dois primeiros termos no primeiro somatório, isto é, para $n = 0$, temos a equação indicial

$$(r^2 - \mu^2) a_0 = 0$$

enquanto que para $n = 1$ temos $(r+1-\mu)(r+1+\mu) a_1 = 0$.

b) Para $a_0 \neq 0$, as raízes da equação indicial são $r = \pm\mu$. Para $r_1 = \mu$ obtemos $(1+2\mu)a_1 = 0$ que oferece duas possibilidades, a saber:

$$\mu = -\frac{1}{2} \quad a_1 \text{ arbitrário}$$

$$\mu \neq -\frac{1}{2} \quad a_1 = 0$$

enquanto que, para $r_1 = -\mu$ obtemos $(1 - 2\mu)a_1 = 0$ que oferece, também, duas possibilidades, a saber:

$$\mu = \frac{1}{2} \quad a_1 \text{ arbitrário}$$

$$\mu \neq \frac{1}{2} \quad a_1 = 0.$$

c) A relação de recorrência é da forma

$$a_n = -\frac{a_{n-2}}{(n+r+\mu)(n+r-\mu)}$$

que, para $r = \mu$ fornece

$$a_n = -\frac{a_{n-2}}{n(n+2\mu)}$$

de onde devemos excluir os valores tais que $-2\mu = 2, 3, 4, \ldots$ que tornam nulo o denominador. Note a simetria, a outra raiz fornece uma relação de recorrência similar.

Exercício 8.2. Introduzimos a chamada função gama, denotada por $\Gamma(x)$, como sendo a generalização do conceito de fatorial, através da seguinte integral imprópria

$$\Gamma(x) = \int_0^\infty e^{-t} t^{x-1} \, dt$$

para $x > 0$. a) Integre por partes para mostrar que vale a relação[1]

$$\Gamma(x+1) = x\,\Gamma(x)$$

b) Considere $x = k \in \mathbb{N}$ para mostrar que $\Gamma(k+1) = k!$ c) A partir do Exercício 8.1, mostre que uma solução da equação diferencial no caso da raiz da equação indicial igual a $r = \mu$, respeitando as condições impostas, é dada por

$$y(x) = \sum_{n=0}^{\infty} \frac{(-1)^n}{n!} \frac{(x/2)^{2n+\mu}}{\Gamma(n+\mu+1)} \equiv J_\mu(x)$$

conhecida pelo nome de função de Bessel de ordem μ.

Resolução. a) Da definição da função gama, podemos escrever

$$\Gamma(x+1) = \int_0^\infty e^{-t} t^x \, dt.$$

Sejam (integração por partes)

$$t^x = u \quad \Longrightarrow \quad du = x\,t^{x-1} dt$$

$$e^{-t} dt = dv \quad \Longrightarrow \quad -e^{-t} = v$$

de onde podemos escrever

$$\begin{aligned}\Gamma(x+1) &= t^x(-e^{-t})\Big|_0^\infty - \int_0^\infty (-e^{-t})(x\,t^{x-1} dt) \\ &= x \int_0^\infty e^{-t} t^{x-1}\, dt\end{aligned}$$

---

[1]Esta representação integral da função gama é válida para $z \in \mathbb{C}$ com $\mathrm{Re}(z) > 0$ porém, aqui, estamos considerando apenas $x \in \mathbb{R}_+$.

de onde, utilizando a definição da função gama, segue o resultado.

b) Visto que $\Gamma(1) = \int_0^\infty e^{-t}\,dt = -e^{-t}\Big|_0^\infty = 1$ e utilizando o item anterior $\Gamma(x+1) = x\Gamma(x)$, vamos provar que para $k \in \mathbb{N}$, $\Gamma(k+1) = k!$, por indução finita.

Se $k = 0$, temos $\Gamma(1) = 0! = 1$. Suponhamos que $\Gamma(k+1) = k!$ e vamos provar que $\Gamma(k+2) = (k+1)!$. Mas, $\Gamma(k+2)$ pode ser escrito como

$$\Gamma[(k+1)+1] = (k+1)\Gamma(k+1) \stackrel{H.I.}{=} (k+1)k! = (k+1)!.$$

c) Voltando ao Exercício 8.1, a partir da relação de recorrência, só temos termos pares uma vez que os ímpares são todos nulos pois $a_1 = 0$ e a relação de recorrência relaciona termos de dois em dois, logo, podemos escrever $k = 2n$ com $n = 1, 2, \ldots$ de onde se segue

$$a_{2n} = -\frac{a_{2n-2}}{2n(2n+2\mu)} = -\frac{a_{2n-2}}{4n(n+\mu)}$$

para $n = 1, 2, 3, \ldots$ Vamos explicitar os três primeiros termos a partir da relação anterior

$$n = 1 \quad a_2 = -\frac{a_0}{4 \cdot 1 \cdot (1+\mu)}$$

$$n = 2 \quad a_4 = \frac{a_0}{4 \cdot 4 \cdot 2 \cdot 1 \cdot (1+\mu) \cdot (2+\mu)}$$

$$n = 3 \quad a_6 = -\frac{a_0}{4 \cdot 4 \cdot 4 \cdot 3 \cdot 2 \cdot 1 \cdot (1+\mu) \cdot (2+\mu) \cdot (3+\mu)}$$

$$\vdots \quad \vdots$$

$$n = k \quad a_{2k} = \frac{(-1)^k a_0 \Gamma(\mu+1)}{2^{2k} k! \Gamma(\mu+k+1)}.$$

Voltando na expressão para $y(x)$, podemos escrever

$$y(x) = a_0 \Gamma(\mu+1) \sum_{k=0}^{\infty} \frac{(-1)^k}{k!} \frac{x^{2k+\mu}}{2^{2k}\Gamma(k+\mu+1)}.$$

Visto que a_0 é uma constante diferente de zero, vamos escolhê-la de modo que $a_0\Gamma(\mu+1)2^{\mu} = 1$ que, substituído na expressão anterior, fornece

$$y(x) = \sum_{k=0}^{\infty} \frac{(-1)^k}{k!} \frac{(x/2)^{2k+\mu}}{\Gamma(k+\mu+1)} \equiv J_{\mu}(x).$$

Exercício 8.3. a) Procurar uma solução na forma de série de Frobenius para a chamada equação "hipergeométrica",

$$x(1-x)y'' + [c - (a+b+1)x]y' - aby = 0, \quad y = y(x),$$

com os parâmetros $a, b, c \in \mathbb{R}$, no caso em que a raiz da equação indicial não depende de nenhum dos parâmetros.

Funções especiais

b) Justifique o nome hipergeométrica.

Resolução. a) Consideremos uma série de Frobenius na forma

$$y(x) = \sum_{n=0}^{\infty} a_n x^{n+r}.$$

Calculando as derivadas, substituindo na equação diferencial e rearranjando, temos

$$\sum_{n=0}^{\infty}(n+r)(n+r-1+c)a_n x^{n+r-1} =$$

$$= \sum_{n=0}^{\infty}[(n+r)(n+r-1) + (n+r)(a+b+1) + ab]a_n x^{n+r}.$$

Mudando o índice no segundo somatório ($n \to n-1$), podemos escrever

$$\sum_{n=0}^{\infty}(n+r)(n+r-1+c)a_n x^{n+r-1} =$$

$$= \sum_{n=1}^{\infty}[(n+r-1)(r+n+a+b-1) + ab]a_{n-1} x^{n+r-1}.$$

A partir da equação indicial, $n = 0$, no primeiro somatório, podemos escrever $r(r-1+c)a_0 = 0$ cujas raízes são $r_1 = 0$ e $r_2 = 1 - c$, enquanto que a relação de recorrência fornece, para $n = 1, 2, 3, \ldots$

$$a_n = \frac{(n+r-1)(n+r+a+b-1) + ab}{(n+r)(n+r-1+c)} a_{n-1}.$$

No caso em que a raiz da equação indicial depende de um parâmetro, devemos fazer uma análise conforme o Exercício.

8.2. Aqui discutimos apenas o caso da raiz que não depende dos parâmetros, isto é, $r_1 = 0$. Substituindo este valor na relação de recorrência, obtemos

$$a_n = \frac{(n-1+a)(n-1+b)}{n(n-1+c)}a_{n-1}$$

para $n = 1, 2, 3, \ldots$ Note que devemos impor uma restrição, a saber: $n \neq 1 - c$ uma vez que tal valor anula o denominador na relação de recorrência, logo, neste caso $-c \neq 0, 1, 2, \ldots$, isto é, c diferente de um inteiro negativo. Vamos, como no Exercício 8.2, explicitar alguns poucos termos:

$$n = 1 \quad a_1 = \frac{a \cdot b}{1 \cdot c} a_0$$

$$n = 2 \quad a_2 = \frac{a \cdot (1+a) \cdot b \cdot (1+b)}{2 \cdot 1 \cdot c \cdot (1+c)} a_0$$

$$n = 3 \quad a_3 = \frac{a \cdot (1+a) \cdot (2+a) \cdot b \cdot (1+b) \cdot (2+b)}{1 \cdot 2 \cdot 3 \cdot c \cdot (1+c) \cdot (2+c)} a_0$$

$$\vdots \quad \vdots$$

$$n = n \quad a_n = \frac{\Gamma(a+n)}{\Gamma(a)} \frac{\Gamma(b+n)}{\Gamma(b)} \frac{\Gamma(c)}{\Gamma(c+n)} \frac{a_0}{n!}.$$

Considerando $a_0 = 1$ podemos escrever uma solução, tipo Frobenius, para a equação hipergeométrica

$$y(x) = \sum_{n=0}^{\infty} \frac{\Gamma(a+n)}{\Gamma(a)} \frac{\Gamma(b+n)}{\Gamma(b)} \frac{\Gamma(c)}{\Gamma(c+n)} \frac{x^n}{n!}$$

ou ainda, na seguinte forma,

$$y(x) = \frac{\Gamma(c)}{\Gamma(a)\Gamma(b)} \sum_{n=0}^{\infty} \frac{\Gamma(a+n)\Gamma(b+n)}{n!\Gamma(c+n)} x^n$$

Funções especiais

conhecida com o nome de função hipergeométrica. Na literatura especializada, denotamos esta série por $_2F_1(a, b; c; x)$.

b) Aqui vamos considerar um caso particular em que $a = 1$ e $b = c$, de onde podemos escrever

$$\frac{1}{\Gamma(1)} \sum_{n=0}^{\infty} \frac{\Gamma(n+1)}{n!} x^n = {}_2F_1(1, b; b; x).$$

Utilizando a definição da função gama, temos $\Gamma(n+1) = n!$ e $\Gamma(1) = 1$ de onde se segue, para $|x| < 1$,

$$\sum_{n=0}^{\infty} x^n = {}_2F_1(1, b; b; x) = \frac{1}{1-x}$$

que é a série geométrica, razão pela qual a sua generalização é chamada de série hipergeométrica.

Exercício 8.4. a) Introduza a mudança de variável independente $x = z/b$ na equação hipergeométrica, $y = y(x)$,

$$x(1-x)y'' + [c - (a+b+1)x]y' - aby = 0$$

com os parâmetros $a, b, c \in \mathbb{R}$ e tome o limite $b \to \infty$ a fim de obter a equação diferencial

$$zy'' + (c-z)y' - ay = 0$$

com $y = y(z)$, chamada equação hipergeométrica confluente.

b) No caso em que $-c \neq 0, 1, 2, \ldots$ e conhecendo o resultado

$$\lim_{b \to \infty} \frac{\Gamma(b+n)}{\Gamma(b)} b^{-n} = 1$$

mostre que uma solução da equação hipergeométrica confluente é dada por

$$y(z) = \lim_{b\to\infty} {}_2F_1\left(a,b;c;\frac{z}{b}\right) = \frac{\Gamma(c)}{\Gamma(a)}\sum_{n=0}^{\infty}\frac{\Gamma(a+n)}{\Gamma(c+n)}\frac{z^n}{n!}.$$

c) Discuta o caso particular em que $a = c$.

Resolução. a) Seja $x = z/b$. Usando a regra da cadeia e calculando o limite $b \to \infty$, obtemos a equação hipergeométrica confluente. b) Permutando o limite com o somatório associado à equação hipergeométrica, podemos escrever

$$y(z) = \frac{\Gamma(c)}{\Gamma(a)}\sum_{n=0}^{\infty}\frac{\Gamma(a+n)}{\Gamma(c+n)n!}\left[\lim_{b\to\infty}\frac{\Gamma(b+n)}{\Gamma(b)}b^{-n}\right]z^n.$$

Visto que o limite é conhecido, obtemos

$$y(z) = \frac{\Gamma(c)}{\Gamma(a)}\sum_{n=0}^{\infty}\frac{\Gamma(a+n)}{\Gamma(c+n)}\frac{z^n}{n!} \equiv {}_1F_1(a;c;z)$$

conhecida pelo nome de função hipergeométrica confluente. Note-se que, utilizando o método de Frobenius diretamente na equação hipergeométrica confluente, chegamos exatamente a este resultado.

c) Tomando $a = c$ na expressão anterior, obtemos

$$\sum_{n=0}^{\infty}\frac{z^n}{n!} \equiv {}_1F_1(a;a;z) = e^z.$$

Exercício 8.5. Chama-se equação de Bessel a toda equação da forma

$$x^2 y'' + xy' + (k^2 x^2 - \mu^2)y = 0 \qquad (8.1)$$

em que, μ e k são dois parâmetros.

A solução geral dessa equação é dada por

$$y(x) = C_1 J_\mu(kx) + C_2 Y_\mu(kx) \qquad (8.2)$$

com $y = y(x)$ sendo C_1 e C_2 constantes arbitrárias. $J_\mu(kx)$ é a chamada função de Bessel de primeira espécie e ordem μ enquanto que $Y_\mu(kx)$ é a chamada função de Bessel de segunda espécie e ordem μ.

Utilizando as funções de Bessel, resolva o seguinte problema de valor inicial: uma partícula P de massa m (variável) encontra-se em repouso a uma distância ℓ da origem $\mathcal{O}$. Então, passa a ser atraída, no sentido de $\mathcal{O}$, por uma força proporcional ao produto mz no qual z é a distância de P à origem. A massa m de P diminui com o tempo t através da expressão

$$m(t) = \frac{1}{a + bt}$$

com a e b constantes não simultanemanete nulas. Determine $z(t)$, sabendo que satisfaz a equação diferencial

$$\frac{\mathrm{d}}{\mathrm{d}t}\left[m(t) \frac{\mathrm{d}}{\mathrm{d}t} z(t) \right] = -kmz(t)$$

com k uma constante de proporcionalidade, com as condições, velocidade inicial $v(0) = 0$ e deslocamento inicial $z(0) = \ell$.

Resolução. Devemos resolver a equação diferencial

$$\frac{d}{dt}\left[\frac{1}{a+bt}\frac{d}{dt}z(t)\right] = -\frac{k}{a+bt}z(t).$$

Introduzindo a mudança de variável $a + bt = x$ obtemos a seguinte equação diferencial

$$x^2\frac{d^2}{dx^2}z(x) - x\frac{d}{dx}z(x) + \mu^2 x^2 z(x) = 0$$

na qual, introduzimos a constante $\mu^2 = k/b^2$. A fim de transformar esta equação diferencial numa outra conhecida, introduzimos a mudança de variável dependente

$$z(x) = xF(x)$$

de onde se segue que $F(x)$ satisfaz à equação diferencial

$$x^2\frac{d^2}{dx^2}F(x) + x\frac{d}{dx}F(x) + (\mu^2 x^2 - 1)F(x) = 0$$

cuja solução geral é dada em termos das funções de Bessel de primeira e segunda espécies e de ordem um

$$F(x) = C_1 J_1(\mu x) + C_2 Y_1(\mu x)$$

com C_1 e C_2 constantes a serem determinadas pelas condições iniciais. Voltando na variável t, obtemos

$$z(t) = (a + bt)\{C_1 J_1[\mu(a+bt)] + C_2 Y_1[\mu(a+bt)]\}.$$

Impondo a condição $z(0) = \ell$, obtemos

$$z(0) = a[C_1 J_1(\mu a) + C_2 Y_1(\mu a)] = \ell$$

Funções especiais

enquanto que a outra condição, $v(0) = 0$, fornece

$$v(t)|_{t=0} \equiv \frac{\mathrm{d}}{\mathrm{d}t}z(t)\bigg|_{t=0} = bC_1\,J_1(\mu a) + bC_2\,Y_1(\mu a) +$$

$$+ a\,[b\mu C_1\,J_1'(\mu a) + b\mu C_2\,Y_1'(\mu a)] = 0.$$

O problema fica completamente resolvido ao determinarmos as constantes C_1 e C_2 e, então, impor a condição $z(\tau) = 0$ uma vez que queremos saber o tempo τ que demora para atingir a origem, visto estar sendo atraído para a origem.

A fim de apresentarmos o resultado numa forma mais conveniente, comecemos por resolver o sistema linear

$$\begin{cases} C_1\,J_1(\mu a) + C_2\,Y_1(\mu a) = \dfrac{\ell}{a} \\[2mm] C_1\,J_1'(\mu a) + C_2\,Y_1'(\mu a) = -\dfrac{\ell}{a^2\mu} \end{cases}$$

cuja solução é dada por

$$C_1 = \frac{\pi}{2}\mu\ell Y_0(\mu a) \quad \text{e} \quad C_2 = -\frac{\pi}{2}\mu\ell J_0(\mu a).$$

Para obtermos as duas expressões anteriores, utilizamos a relação de recorrência envolvendo as funções de Bessel

$$zC_\nu'(z) + \nu C_\nu(z) = zC_{\nu-1}(z)$$

onde, nesta expressão, $C_\nu(z)$, pode ser tanto $J_\nu(z)$ quanto $Y_\nu(z)$, bem como o resultado envolvendo o Wronskiano dessas funções de Bessel, isto é,

$$J_\nu(z)Y_\nu'(z) - Y_\nu(z)J_\nu'(z) = \frac{2}{\pi z}.$$

Enfim, a solução do PVI, isto é, satisfazendo a equação diferencial com as respectivas condições iniciais, é dada por

$$z(t) = (a+bt)\frac{\pi\mu\ell}{2}\{Y_0(\mu a)J_1[\mu(a+bt)] - J_0(\mu a)Y_1[\mu(a+bt)]\}.$$

A resposta do problema, determinar o tempo que a partícula leva para alcançar a origem, digamos, τ, é solução da equação transcendental

$$(a+b\tau)\{Y_0(\mu a)J_1[\mu(a+b\tau)] - J_0(\mu a)Y_1[\mu(a+b\tau)]\} = 0.$$

Exercício 8.6. Obtenha duas soluções linearmente independentes da equação de Bessel de ordem zero, com $y = y(x)$, isto é,

$$xy'' + y' + xy = 0$$

em torno de $x = 0$, utilizando o método de Frobenius.

Resolução. Seja $y(x) = \sum_{n=0}^{\infty} a_n x^{n+r}$. Calculando as derivadas y' e y'' e substituindo na equação diferencial, temos

$$\sum_{n=0}^{\infty}(n+r)(n+r-1)a_n x^{n+r-1} + \sum_{n=0}^{\infty}(n+r)a_n x^{n+r-1} +$$

$$+ \sum_{n=0}^{\infty} a_n x^{n+r+1} = 0.$$

Funções especiais 255

Agora, no terceiro somatório, efetuamos uma mudança de índice $n \to n-2$ e rearranjamos, logo

$$\sum_{n=0}^{\infty}(n+r)^2 a_n x^{n+r-1} + \sum_{n=2}^{\infty} a_{n-2} x^{n+r-1} = 0.$$

Para $n=0$, temos a equação indicial $r^2 a_0 = 0$ com raízes iguais $r_1 = 0 = r_2$. Temos só uma solução tipo Frobenius uma vez que as raízes da equação indicial são iguais. Logo $(r+1)^2 a_1 = 0 \implies a_1 = 0$. A relação de recorrência é

$$a_n = -\frac{a_{n-2}}{n^2}$$

com $k \geq 2$. Visto que $a_1 = 0$, podemos concluir que os termos de ordem ímpar são zero, isto é, $a_i = 0$ para $i = 3, 5, \ldots$ Então, sendo $n = 2k$ obtemos, para $k = 1, 2, 3, \ldots$

$$a_{2k} = -\frac{a_{2k-2}}{4k^2}.$$

Explicitando os primeiros termos, temos

$$k = 1 \quad a_2 = -\frac{a_0}{4 \cdot 1^2}$$

$$k = 2 \quad a_4 = -\frac{a_2}{4 \cdot 2^2} = \frac{a_0}{4^2 \cdot 1^2 \cdot 2^2}$$

$$k = 3 \quad a_6 = -\frac{a_4}{4 \cdot 3^2} = -\frac{a_0}{4^3 \cdot 1^2 \cdot 2^2 \cdot 3^2}$$

$$\vdots \quad \vdots$$

$$k = n \quad a_{2n} = \frac{a_0 (-1)^n}{2^{2n}(n!)^2}$$

logo, podemos escrever para uma solução da equação

$$y_1(x) = a_0 \sum_{n=0}^{\infty} \frac{(-1)^n}{(n!)^2} \frac{x^{2n}}{2^{2n}}$$

com a_0 uma constante. Tomando-se a_0 igual a unidade, obtemos

$$y_1(x) = \sum_{n=0}^{\infty} \frac{(-1)^n}{(n!)^2} \left(\frac{x}{2}\right)^{2n} \equiv J_0(x)$$

chamada função de Bessel de ordem zero.

Vamos agora procurar uma segunda solução linearmente independente na forma, conhecida pelo nome de série de Frobenius generalizada[2]

$$y_2(x) = A\, J_0(x) \ln x + \sum_{n=0}^{\infty} b_n x^{n+r}$$

em que $A \neq 0$ e r é um parâmetro. Neste caso, a fim de simplificar os cálculos e sem perda de generalidade, vamos considerar o parâmetro $A = 1$. Calculando as derivadas $y_2'(x)$ e $y_2''(x)$ e substituindo na equação diferencial, já multiplicada por x, obtemos

$$\ln x \left[x^2 J_0''(x) + x J_0'(x) + x^2 J_0(x)\right] +$$

$$+ 2x J_0'(x) + \sum_{n=0}^{\infty} (n+r)^2 b_n x^{n+r} + \sum_{n=0}^{\infty} b_n x^{n+r+2} = 0.$$

---

[2] A maneira de procurar uma segunda solução nessa forma reside no fato de que a função $\ln x$ não pode ser expressa como uma série de Frobenius. Então, devemos determinar os coeficientes b_n a fim de que $y_2(x)$ seja solução da equação diferencial. Mostra-se que o Wronskiano destas duas soluções é diferente de zero, logo as duas soluções são linearmente independentes.

Funções especiais

Note que as parcelas que se encontram entre os colchetes ($\ln x$ multiplicando todas as parcelas) se constituem na equação diferencial de Bessel de ordem zero, cuja solução é a função de Bessel de ordem zero, logo é zero, de onde, já efetuando a mudança no índice, $n \to n-2$, segue-se

$$\sum_{n=0}^{\infty}(n+r)^2 b_n x^{n+r} + \sum_{n=2}^{\infty} b_{n-2} x^{n+r} = -2x J_0'(x).$$

Utilizando a forma explícita para a função de Bessel de ordem zero, a primeira solução linearmente independente da equação de Bessel, derivando-a e substituindo na igualdade anterior, podemos escrever

$$\sum_{n=0}^{\infty}(n+r)^2 b_n x^{n+r} + \sum_{n=2}^{\infty} b_{n-2} x^{n+r} = -4\sum_{n=1}^{\infty} \frac{n(-1)^n}{2^{2n}(n!)^2} x^{2n}.$$

Explicitando os dois primeiros termos no primeiro somatório e o primeiro termo no terceiro somatório, podemos escrever

$$r^2 b_0 x^r + (r+1)^2 b_1 x^{r+1} + \sum_{n=2}^{\infty}[(n+r)^2 b_n + b_{n-2}]x^{n+r} =$$

$$= 4 \cdot \frac{x^2}{4} - 4\sum_{n=2}^{\infty} \frac{n(-1)^n}{2^{2n}(n!)^2} x^{2n}.$$

Da arbitrariedade do parâmetro r, escolhemos $r=0$ o que deixa b_0 arbitrário. Disto concluímos que $b_1 = 0$, logo

$$\sum_{n=2}^{\infty}(n^2 b_n + b_{n-2})x^n = x^2 - 4\sum_{n=2}^{\infty} \frac{n(-1)^n}{2^{2n}(n!)^2} x^{2n}.$$

Visto que no segundo membro só temos potências pares, escrevemos o primeiro membro como uma soma de termos pares e uma soma de termos ímpares,

$$\sum_{n=1}^{\infty}(4n^2 b_{2n} + b_{2n-2})x^{2n} + \sum_{n=1}^{\infty}[(2n+1)^2 b_{2n+1} + b_{2n-1}]x^{2n+1} =$$

$$= x^2 - 4\sum_{n=2}^{\infty}\frac{n(-1)^n}{2^{2n}(n!)^2}x^{2n}$$

de onde podemos escrever

$$(2n+1)^2 b_{2n+1} + b_{2n-1} = 0$$

para $n = 1, 2, 3, \ldots$ e, uma vez que $b_1 = 0$, concluímos que todos os termos de ordem ímpar devem ser nulos, pela relação anterior, isto é,

$$b_1 = b_3 = \cdots = 0.$$

Para os coeficientes pares, separamos $n = 1$ no primeiro somatório de modo a obter $4b_2 + b_0 = 1$ bem como a relação

$$4n^2 b_{2n} + b_{2n-2} = \frac{4n(-1)^{n+1}}{2^{2n}(n!)^2}$$

com $n = 2, 3, 4, \ldots$

De novo, da arbitrariedade do parâmetro b_0 tomamos $b_0 = 0$. Logo $b_2 = 1/4$, e da relação anterior, podemos encontrar, recursivamente, todos os b_{2n}, isto é uma relação de recorrência.

Explicitando os termos, obtemos

$$n = 2 \quad b_4 = -\frac{1}{2^2 \cdot 4^2}\left(1 + \frac{1}{2}\right)$$

$$n = 3 \quad b_6 = \frac{1}{2^6 \cdot (3!)^2}\left(1 + \frac{1}{2} + \frac{1}{3}\right)$$

$$n = n \quad b_{2n} = (-1)^{n+1}\frac{1}{2^{2n} \cdot (n!)^2}\left(1 + \frac{1}{2} + \frac{1}{3} + \cdots + \frac{1}{n}\right)$$

de onde a segunda solução da equação de Bessel de ordem zero é dada por

$$y_2(x) = J_0(x)\ln x + \sum_{n=1}^{\infty} \frac{(-1)^{n+1}}{(n!)^2}\mathcal{H}_n\left(\frac{x}{2}\right)^{2n}$$

em que

$$\mathcal{H}_n \equiv \left(1 + \frac{1}{2} + \frac{1}{3} + \cdots + \frac{1}{n}\right).$$

Enfim, introduzindo-se a notação

$$J_0(x)\ln x + \sum_{n=1}^{\infty} \frac{(-1)^{n+1}}{(n!)^2}\mathcal{H}_n\left(\frac{x}{2}\right)^{2n} = Y_0(x)$$

chamada função de Bessel de segunda espécie de ordem zero, podemos escrever a solução geral da equação de Bessel na forma

$$y(x) = C_1\, J_0(x) + C_2\, Y_0(x)$$

em que C_1 e C_2 são constantes arbitrárias.

Exercício 8.7. Considere a equação diferencial, $y = y(x)$,

$$x^2 y'' + (\mu - x)xy' - xy = 0$$

em que μ é um parâmetro. a) Mostre que as raízes da equação indicial são $r_1 = 0$ e $r_2 = 1 - \mu$; b) No caso em que μ é um inteiro maior que um, obtenha uma solução do tipo Frobenius.

Resolução. a) Seja $y(x) = \sum_{n=0}^{\infty} a_n x^{n+r}$. Calculando as derivadas y' e y'' e substituindo na equação diferencial, temos

$$\sum_{n=0}^{\infty} (n+r)(n+r-1)a_n x^{n+r} + \mu \sum_{n=0}^{\infty} (n+r)a_n x^{n+r} -$$

$$- \sum_{n=0}^{\infty} (n+r)a_n x^{n+r+1} - \sum_{n=0}^{\infty} a_n x^{n+r+1} = 0.$$

Mudando o índice nos dois últimos somatórios, isto é, considerando $n \to n - 1$ e rearranjando, podemos escrever

$$\sum_{n=0}^{\infty} (n+r)(n+r-1+\mu)a_n x^{n+r} = \sum_{n=1}^{\infty} (n+r)a_{n-1} x^{n+r}.$$

Explicitando o termo $n = 0$ no primeiro somatório, obtemos a equação $[r(r - 1 + \mu)]a_0 = 0$ de onde se segue a equação indicial cujas raízes são dadas por $r_1 = 0$ e $r_2 = 1 - \mu$.

b) No caso em que μ é um inteiro maior que um, $r_1 = 0$ se constitui na maior raiz a qual fornece uma solução do tipo Frobenius. Nesse caso, $r_1 = 0$ obtemos a relação de recorrência

$$a_n = \frac{a_{n-1}}{n - 1 + \mu}$$

Funções especiais

para $n = 1, 2, 3, \ldots$.

Vamos explicitar os primeiros termos

$$n = 1 \quad a_1 = \frac{a_0}{\mu}$$

$$n = 2 \quad a_2 = \frac{a_1}{\mu + 1} = \frac{a_0}{\mu(\mu + 1)}$$

$$n = 3 \quad a_3 = \frac{a_2}{\mu + 2} = \frac{a_0}{\mu(\mu + 1)(\mu + 2)}$$

$$\vdots \quad \vdots$$

de onde se segue a expressão geral

$$a_n = \frac{a_0}{\mu(\mu + 1)(\mu + 2)\cdots(\mu + n - 2)(\mu + n - 1)}$$

com a_0 uma constante arbitrária.

Escolhendo $a_0 = 1$, uma solução do tipo Frobenius da equação diferencial é dada por

$$y_1(x) = 1 + \sum_{n=1}^{\infty} \frac{x^n}{\mu(\mu + 1)(\mu + 2)\cdots(\mu + n - 2)(\mu + n - 1)}.$$

Convém ressaltar que no caso da outra raiz $r_2 = 1 - \mu$, a fórmula de recorrência se torna indeterminada para $n = \mu - 1$ e, então, deve-se proceder separando em dois casos, isto é, $n < \mu - 1$ e $n > \mu - 1$.

Exercício 8.8. Em analogia à equação de Bessel, introduzimos a chamada equação de Bessel modificada, $y = y(x)$,

$$x^2 y'' + xy' - (k^2 x^2 + \mu^2) y = 0 \qquad (8.3)$$

em que μ e k são dois parâmetros. A solução geral dessa equação é dada por

$$y(x) = C_1 I_\mu(kx) + C_2 K_\mu(kx) \qquad (8.4)$$

com C_1 e C_2 constantes arbitrárias. $I_\mu(kx)$ é a chamada função de Bessel modificada de primeira espécie e ordem μ enquanto que $K_\mu(kx)$ é a chamada função de Bessel modificada de segunda espécie e ordem μ.

Utilizando as funções de Bessel modificadas, resolva o seguinte problema de valor inicial: um corpo movendo-se sofre acréscimo de massa, i.é., no tempo t sua massa é dada por

$$m(t) = \frac{m_0}{c}(c+t)$$

com m_0 e c constantes. Esse corpo é repelido da origem por uma força por unidade de massa proporcional à distância, $x(t)$. Determine $x(t)$ sabendo que satisfaz a equação diferencial

$$\frac{\mathrm{d}}{\mathrm{d}t}\left[m(t)\frac{\mathrm{d}}{\mathrm{d}t}x(t)\right] = m\alpha^2 x(t)$$

com α^2 uma constante, com as condições, velocidade inicial $v(0) = v_0$ e deslocamento inicial $x(0) = 0$.

Resolução. Devemos resolver a seguinte equação diferencial

$$\frac{m_0}{c}\frac{\mathrm{d}}{\mathrm{d}t}\left[(c+t)\frac{\mathrm{d}}{\mathrm{d}t}x(t)\right] = \frac{m_0}{c}(c+t)\alpha^2 x(t).$$

Introduzindo a mudança de variável $c + t = \tau$, obtemos a equação diferencial

$$\tau^2 x'' + \tau x' - \tau^2 \alpha^2 x = 0$$

Funções especiais

que, comparada com a equação (8.3), fornece $\mu = 0$, isto é, uma equação de Bessel modificada de ordem zero cuja solução é dada a partir da equação (8.4),

$$x(\tau) = C_1 I_0(\alpha\tau) + C_2 K_0(\alpha\tau)$$

com C_1 e C_2 constantes arbitrárias. Voltando na variável inicial t, podemos escrever

$$x(t) = C_1 I_0[\alpha(c+t)] + C_2 K_0[\alpha(c+t)] \qquad (8.5)$$

que, utilizando a condição inicial $x(0) = 0$, fornece

$$C_1 I_0(\alpha c) + C_2 K_0(\alpha c) = 0.$$

Derivando em relação a t a equação (8.5) e usando a outra condição, temos

$$x'(t)|_{t=0} \equiv v_0 = \alpha C_1 I_0'(\alpha c) + \alpha C_2 K_0'(\alpha c).$$

Enfim, devemos resolver o sistema linear nas variáveis C_1 e C_2

$$\begin{cases} C_1 I_0(\alpha c) + C_2 K_0(\alpha c) = 0 \\ C_1 I_0'(\alpha c) + C_2 K_0'(\alpha c) = \dfrac{v_0}{\alpha} \end{cases}$$

cuja solução é dada por

$$C_1 = -\frac{v_0}{\alpha} \frac{K_0(\alpha c)}{I_0(\alpha c) K_0'(\alpha c) - K_0(\alpha c) I_0'(\alpha c)}$$

$$C_2 = \frac{v_0}{\alpha} \frac{I_0(\alpha c)}{I_0(\alpha c) K_0'(\alpha c) - K_0(\alpha c) I_0'(\alpha c)}.$$

Então, conhecidas as constantes C_1 e C_2, basta voltar na equação (8.5) e o problema está resolvido. Vamos, porém, utilizar duas relações envolvendo as funções de Bessel modificadas a fim de simplificar o problema e apresentar a solução numa forma mais elegante.

As funções de Bessel modificadas satisfazem as seguintes igualdades

$$I_0'(x) = I_1(x) \quad \text{e} \quad K_0'(x) = -K_1(x)$$

onde $I_1(x)$ e $K_1(x)$ são funções de Bessel modificadas de ordem um de primeira e segunda espécies, respectivamente. Por outro lado, vale a seguinte relação

$$K_0(x)I_1(x) + K_1(x)I_0(x) = \frac{1}{x}.$$

A partir destas relações, podemos escrever

$$C_1 = v_0 c\, K_0(\alpha c) \quad \text{e} \quad C_2 = -v_0 c\, I_0(\alpha c)$$

de onde se segue a solução do PVI

$$x(t) = v_0 c \left\{ K_0(\alpha c) I_0[\alpha(c+t)] - I_0(\alpha c) K_0[\alpha(c+t)] \right\}.$$

Exercício 8.9. Considere o seguinte problema de Sturm-Liouville composto pela equação diferencial

$$(1+x^2)\frac{\mathrm{d}^2}{\mathrm{d}x^2}y(x) - 2x\frac{\mathrm{d}}{\mathrm{d}x}y(x) = \tau(x)$$

(sendo $\tau(x)$ uma função bem comportada, digamos, contínua), satisfazendo as condições de contorno $y(0) = 0 = y'(1)$.

a) Escreva a equação diferencial satisfeita pela função de Green,

b) Mostre que a função de Green existe, c) Calcule a função de Green.

Resolução. a) Denotemos por $\mathscr{G}(x|\xi)$ a função de Green. A equação satisfeita pela função de Green é

$$(1+x^2)\frac{d^2}{dx^2}\mathscr{G}(x|\xi) - 2x\frac{d}{dx}\mathscr{G}(x|\xi) = \delta(x-\xi)$$

onde $\delta(x-\xi)$ é a função delta de Dirac. b) A fim de mostrar que a função de Green existe, basta obtermos duas soluções linearmente independentes da respectiva equação homogênea, uma delas satisfazendo uma das condições de contorno enquanto que a outra satisfaz a outra condição de contorno.

A respectiva equação homogênea é

$$(1+x^2)\frac{d^2}{dx^2}y(x) - 2x\frac{d}{dx}y(x) = 0$$

e, por inspeção, concluímos que $y_1(x) = C$ com C uma constante, é solução. Utilizando o método de redução de ordem obtemos

$$y_2(x) = C\left(x + \frac{x^3}{3}\right).$$

Escolhamos $C = 1$ a fim de que cada uma das soluções satisfaça uma das condições de contorno, a saber

$$y(x) = x + \frac{x^3}{3} \quad \text{satisfaz} \quad y(0) = 0$$

enquanto que

$$y(x) = 1 \quad \text{satisfaz} \quad y'(1) = 0$$

logo a função de Green existe.

c) A fim de explicitarmos a função de Green, primeiramente calculamos o produto $p(x)\cdot W[y_1(x), y_2(x)]$ onde $W[y_1(x), y_2(x)]$ é o Wronskiano dado pelo seguinte determinante

$$W[y_1(x), y_2(x)] = \begin{vmatrix} x + \dfrac{x^3}{3} & 1 \\ 1+x^2 & 0 \end{vmatrix} = -(1+x^2)$$

e $p(x)$ é a função que deixa o operador de Sturm-Liouville na forma autoadjunta, isto é,

$$\frac{\mathrm{d}}{\mathrm{d}x}\left[(x^2+1)^{-1}\frac{\mathrm{d}}{\mathrm{d}x}y(x)\right]$$

de onde se segue para o produto

$$C \equiv p(x)\cdot W[y_1(x), y_2(x)] = -(1+x^2)\cdot(1+x^2)^{-1} = -1.$$

Enfim, a função de Green é dada por

$$\mathscr{G}(x|\xi) = -\frac{1}{C}\begin{cases} y_1(x)\,y_2(\xi) & a \le x < \xi \\ y_1(\xi)\,y_2(x) & \xi < x \le b \end{cases}$$

onde a e b são os extremos do intervalo.

Coletando os nossos resultados podemos escrever

$$\mathscr{G}(x|\xi) = \begin{cases} x + \dfrac{x^3}{3}, & 0 \le x < \xi, \\[2mm] \xi + \dfrac{\xi^3}{3}, & \xi < x \le 1. \end{cases}$$

Exercício 8.10. Considere o seguinte sistema de Sturm-Liouville composto pela equação diferencial

$$x\frac{d^2}{dx^2}y(x) - \frac{d}{dx}y(x) = \mu(x)$$

(sendo $\mu(x)$ uma função bem comportada, digamos, contínua), satisfazendo as condições de contorno $y(0) = 0 = y(2)$.

a) Classifique o sistema, b) Escreva a equação satisfeita pela função de Green, c) Mostre que a função de Green existe, d) Calcule a função de Green, e) Utilizando o item anterior, resolva o problema para $\mu(x) = 1$.

Resolução. a) É um sistema singular visto que o coeficiente da derivada segunda pode se anular. b) Denotemos por $\mathscr{G}(x|\xi)$ a função de Green. A equação diferencial satisfeita pela função de Green é

$$x\frac{d^2}{dx^2}\mathscr{G}(x|\xi) - \frac{d}{dx}\mathscr{G}(x|\xi) = \delta(x-\xi)$$

onde $\delta(x-\xi)$ é a função delta de Dirac.

c) Aqui vamos mostrar que só existe solução trivial da equação homogênea, isto é, a solução geral satisfazendo as duas condições de contorno é somente $y(x) = 0$. As duas soluções linearmente independentes da equação homogênea são

$$y_1(x) = A \quad \text{e} \quad y_2(x) = A\frac{x^2}{2}$$

com A uma constante. Impondo as condições de contorno, concluímos que $A = 0 = B$ isto é, somente a solução trivial, logo existe a função de Green.

d) Consideremos duas soluções (note que são extraídas da solução geral com uma particular escolha para as constantes) linearmente independentes cada uma delas satisfazendo uma das condições de contorno, a saber

$$y(x) = x^2 \quad \text{satisfaz} \quad y(0) = 0$$

enquanto que

$$y(x) = \frac{x^2}{2} - 2 \quad \text{satisfaz} \quad y(2) = 0.$$

O Wronskiano é igual a $W[y_1(x), y_2(x)] = 4x$ enquanto que $p(x) = 1/x$ de onde se segue $C = 4$. Coletando os dados, a função de Green é dada por

$$\mathscr{G}(x|\xi) = \frac{1}{8} \begin{cases} x^2(4 - \xi^2), & 0 \leq x < \xi, \\ \xi^2(4 - x^2), & \xi < x \leq 2. \end{cases}$$

e) A fim de resolvermos a equação diferencial não homogênea, conhecida a função de Green, basta calcularmos a integral

$$y(x) = \int_a^b \mathscr{G}(x|\xi) f(\xi) \, \mathrm{d}\xi$$

em que a e b são os extremos do intervalo e $f(\xi)$ é a função no segundo membro quando o operador de Sturm-Liouville encontra-se na forma autoadjunta, isto é

$$\frac{\mathrm{d}}{\mathrm{d}x}\left[p(x)\frac{\mathrm{d}}{\mathrm{d}x}y(x)\right] + [\lambda + r(x)]y(x) = f(x).$$

Então, voltando ao nosso problema, podemos escrever

$$\begin{aligned} y(x) &= \int_0^2 \mathscr{G}(x|\xi)\xi^{-2} \, \mathrm{d}\xi \\ &= \int_0^x \frac{1}{8}\xi^2(x^2 - 4)\xi^{-2}\mathrm{d}\xi + \int_x^2 \frac{1}{8}x^2(\xi^2 - 4)\xi^{-2}\mathrm{d}\xi \end{aligned}$$

de onde se segue
$$y(x) = \frac{x}{2}(x-2).$$

Exercício 8.11. Considere a equação diferencial de segunda ordem na forma geral

$$C_1(x)\frac{d^2}{dx^2}y(x) + C_2(x)\frac{d}{dx}y(x) + [C_3(x) + \lambda] = 0$$

em que $C_1(x)$, $C_2(x)$ e $C_3(x)$ são funções contínuas num intervalo I e λ um parâmetro independente de x. Escrever a equação na forma de Sturm-Liouville.

Resolução. Vamos multiplicar a equação por uma função $p(x)$ e dividi-la por $C_1(x) \neq 0$, logo

$$p(x)\frac{d^2}{dx^2}y(x) + p(x)\frac{C_2(x)}{C_1(x)}\frac{d}{dx}y(x) + [q(x) + \lambda s(x)]y(x) = 0$$

onde introduzimos as funções

$$q(x) = \frac{C_3(x)}{C_1(x)}p(x) \quad \text{e} \quad s(x) = \frac{p(x)}{C_1(x)}.$$

Visto que a derivada da função exponencial, é um múltiplo da própria função exponencial, tomamos

$$\frac{d}{dx}p(x) = p(x)\frac{C_2(x)}{C_1(x)}$$

de onde, integrando, obtemos

$$p(x) = \exp\left[\int^x \frac{C_2(\xi)}{C_1(\xi)}d\xi\right].$$

A equação diferencial na forma de Sturm-Liouville é

$$\frac{d}{dx}\left[p(x)\frac{d}{dx}y(x)\right] + [q(x) + \lambda s(x)]y(x) = 0.$$

Exercício 8.12. Escreva as equações de Bessel

$$x^2\frac{d^2}{dx^2}y(x) + x\frac{d}{dx}y(x) + (x^2 - \mu^2)y(x) = 0$$

com μ uma constante, e de Legendre

$$(1-x^2)\frac{d^2}{dx^2}y(x) - 2x\frac{d}{dx}y(x) + \ell(\ell+1)y(x) = 0$$

com ℓ uma constante, na respectiva forma de Sturm-Liouville.

Resolução. Utilizando o exercício anterior, podemos identificar

$$C_1(x) = x^2, \qquad C_2(x) = x, \qquad C_3(x) = x^2 \quad \text{e} \quad \lambda = -\mu^2$$

de onde, calculando $p(x)$, $q(x)$ e $s(x)$, obtemos, para $x > 0$,

$$p(x) = \exp\left[\int^x \frac{\xi}{\xi^2}d\xi\right] = \exp(\ln x) = x$$

$$q(x) = \frac{C_3(x)}{C_1(x)}p(x) = \frac{x^2}{x^2}x = x$$

$$s(x) = \frac{p(x)}{C_1(x)} = \frac{x}{x^2} = \frac{1}{x}.$$

Coletando os resultados anteriores, obtemos

$$\frac{d}{dx}\left[x\frac{d}{dx}y(x)\right] + \left(x - \frac{\mu^2}{x}\right)y(x) = 0.$$

Funções especiais

Em completa analogia à equação de Bessel, podemos escrever

$$\frac{d}{dx}\left[(1-x^2)\frac{d}{dx}y(x)\right] + \ell(\ell+1)y(x) = 0$$

que é a forma de Sturm-Liouville para a equação de Legendre.

Exercício 8.13. São vários os problemas advindos da Mecânica Quântica em que aparece a equação diferencial

$$r^2\frac{d^2}{dr^2}y(r) + \left[\alpha^2 - \frac{\ell(\ell+1)}{r^2}\right]y(r) = 0$$

com α uma constante positiva e $\ell = 0, 1, 2, \ldots$ Em geral r é chamada coordenada radial e, por extensão de linguagem, a equação é chamada equação radial. Obtenha a solução geral dessa equação diferencial.

Resolução. Esta equação, aparentemente, não é do tipo de uma equação diferencial conhecida. Então, vamos conduzi-la a uma equação diferencial cuja solução já sabemos. Para tal, comecemos com a seguinte mudança de variável dependente

$$y(r) = r^\mu F(r)$$

em que devemos determinar μ de modo que a equação resultante para a função $F(r)$ seja uma equação cuja solução é conhecida.

Calculando as derivadas, temos, já rearranjando,

$$y'(r) = r^\mu \left[\frac{\mu}{r}F(r) + F'(r)\right]$$

$$y''(r) = r^\mu \left[\frac{\mu^2 - \mu}{r^2}F(r) + \frac{2\mu}{r}F'(r) + F''(r)\right].$$

Substituindo na equação diferencial e simplificando, podemos escrever

$$F''(r) + \frac{2\mu}{r}F'(r) + \frac{\mu^2 - \mu}{r^2}F(r) + \left[\alpha^2 - \frac{\ell(\ell+1)}{r^2}\right]F(r) = 0$$

ou ainda, na seguinte forma

$$r^2 F''(r) + 2\mu r F'(r) + \left[\alpha^2 r^2 - \ell(\ell+1) + \mu^2 - \mu\right]F(r) = 0.$$

Neste ponto, devemos escolher o parâmetro μ. Consideremos[3] $\mu = 1/2$. Com este valor do parâmetro, obtemos

$$r^2 F''(r) + r F'(r) + \left[\alpha^2 r^2 - (\ell + 1/2)^2\right]F(r) = 0$$

reconhecida como uma equação de Bessel com solução geral dada por

$$F(r) = C_1 J_{\ell+\frac{1}{2}}(\alpha r) + C_2 Y_{\ell+\frac{1}{2}}(\alpha r)$$

com C_1 e C_2 constantes arbitrárias. Enfim, a solução da equação diferencial de partida é

$$y(r) = \sqrt{r}\left[C_1 J_{\ell+\frac{1}{2}}(\alpha r) + C_2 Y_{\ell+\frac{1}{2}}(\alpha r)\right]$$

com C_1 e C_2 constantes arbitrárias.

---

[3]Este ponto, a escolha do parâmetro convenientemente, é particular de cada problema, porém devemos ter em mente que o importante é conduzir a equação diferencial a uma outra conhecida.

Exercício 8.14. São vários os problemas unidimensionais advindos da Mecânica Quântica onde a equação diferencial

$$-\frac{\hbar^2}{2m}\frac{d^2}{dx^2}\Psi(x) + \frac{1}{2}kx^2\Psi(x) = E\Psi(x)$$

emerge naturalmente. Aqui[4] $\hbar$, m e k são constantes positivas e E uma constante. Ainda, com relação à nomenclatura, $\Psi(x)$ é conhecida com o nome de função de onda e E é um parâmetro associado à energia do sistema. Resolva a equação diferencial no caso em que admite solução polinomial.

Resolução. Consideremos a seguinte mudança de variável independente $\xi = ax$, onde a será especificado a seguir. Calculando a derivada segunda e substituindo na equação diferencial, podemos escrever

$$\frac{d^2}{d\xi^2}\Psi(\xi) - \frac{mk}{\hbar^2 a^4}\xi^2\Psi(\xi) = -\frac{2mE}{\hbar^2 a^2}\Psi(\xi).$$

Introduzindo o parâmetro

$$a = \left(\frac{mk}{\hbar^2}\right)^{\frac{1}{4}}$$

a equação diferencial toma a forma

$$\frac{d^2}{d\xi^2}\Psi(\xi) - \xi^2\Psi(\xi) = -\frac{2mE}{\hbar^2 a^2}\Psi(\xi)$$

em que o primeiro membro está adminesionalizado. Prosseguimos, introduzindo o parâmetro

$$\lambda = \frac{2E}{\hbar}\left(\frac{m}{k}\right)^{\frac{1}{2}}$$

---
[4] Fizemos questão de deixar as constantes que emergem do problema físico a fim de exemplificar como podemos, através de uma conveniente mudança de variável independente, reduzir o problema a uma equação adimensional.

podemos escrever para o coeficiente do segundo membro da equação anterior

$$\frac{2mE}{\hbar^2 a^2} = \frac{2mE}{\hbar^2}\left(\frac{\hbar^2}{mk}\right)^{\frac{2}{4}} = \frac{2E}{\hbar}\left(\frac{m}{k}\right)^{\frac{1}{2}} = \lambda$$

de onde se segue a equação adimensionalizada

$$\frac{d^2}{d\xi^2}\Psi(\xi) + (\lambda - \xi^2)\Psi(\xi) = 0.$$

A fim de resolver esta equação diferencial, vamos introduzir uma conveniente mudança de variável dependente de modo a conduzir a equação numa outra aparentemente mais simples ou conhecida. Sendo

$$\Psi(\xi) = F(\xi)\,e^{-\xi^2/2}$$

calculamos as derivadas e introduzimos na equação diferencial de onde se segue a equação satisfeita pela função $F(\xi)$

$$F''(\xi) - 2\xi F'(\xi) + (\lambda - 1)F(\xi) = 0$$

conhecida na literatura como equação do tipo Hermite.

Vamos procurar uma solução na forma de potências

$$F(\xi) = \sum_{m=0}^{\infty} C_m \xi^m = C_0 + C_1 \xi + C_2 \xi^2 + \cdots$$

Calculando as derivadas, substituindo na equação e rearranjando, podemos escrever

$$\sum_{m=2}^{\infty} m(m-1)C_m \xi^{m-2} + \sum_{m=0}^{\infty}[(\lambda - 1 - 2m]C_m \xi^m = 0$$

Funções especiais

que, após a conveniente mudança de índice no primeiro somatório, permite escrever

$$\sum_{m=0}^{\infty} \{(m+1)(m+2)C_{m+2} + [(\lambda-1) - 2m]C_m\} \xi^m = 0$$

de onde se segue a relação de recorrência

$$C_{m+2} = \frac{2m+1-\lambda}{(m+1)(m+2)} C_m$$

para $m \geq 2$. Visto que C_0 e C_1 são arbitrários, podemos expressar C_m em função destes, isto é, duas séries, uma par envolvendo C_0 e outra ímpar envolvendo C_1.

A fim de que tenhamos soluções polinomiais, a série deve ser truncada, logo devemos impor

$$\frac{\lambda - 1}{2} = n$$

com $n = 0, 1, 2, \ldots$ Visto que $\lambda = 2E/\hbar w$ obtemos os chamados níveis de energia

$$E_n = \left(n + \frac{1}{2}\right) \hbar w$$

com $n = 0, 1, 2, \ldots$

Com esta condição, obtemos da relação de recorrência

$$C_{m-2} = -\frac{m(m-1)}{2(n+2-m)} C_m$$

para $m \leq n$. Sendo $C_n = 2^n$ e iterando, podemos escrever

$$C_{n-2} = -\frac{n(n-1)}{2\cdot 2}2^n = -2^{n-2}n(n-1)$$

$$C_{n-4} = -\frac{(n-2)(n-3)}{2\cdot 4}C_{n-2}$$

$$= 2^{n-4}\frac{n(n-1)(n-2)(n-3)}{2!}$$

e substituindo na expressão para a série temos, introduzindo a notação $F_n(\xi) \equiv H_n(\xi)$,

$$H_n(\xi) = (2\xi)^n - \frac{n(n-1)}{1!}(2\xi)^{n-2}$$

$$+ \frac{n(n-1)(n-2)(n-3)}{2!}(2\xi)^{n-4} + \cdots$$

à qual devemos adicionar C_0 para o caso em que n é par e $C_1\xi$ quando n é ímpar. A fim de que tenhamos todos os possíveis valores de n, vamos explicitar os cinco primeiros

$$\begin{aligned} H_0(\xi) &= 1 \\ H_1(\xi) &= 2\xi \\ H_2(\xi) &= 4\xi^2 - 2 \\ H_3(\xi) &= 8\xi^3 - 12\xi \\ H_4(\xi) &= 16\xi^4 - 48\xi^2 + 12 \end{aligned}$$

que são os chamados polinômios de Hermite.

Podemos concluir que $H_j(0) = 0$ para todo $j = 1, 3, 5, \ldots$ enquanto que

$$H_j(0) = (-1)^{j/2}\frac{j!}{\left(\frac{j}{2}\right)!}$$

para todo $j = 0, 2, 4, \ldots$

Funções especiais

Exercício 8.15. Considere a equação diferencial

$$\frac{d^2}{dr^2}\Psi(r) + \frac{2}{r}\frac{d}{dr}\Psi(r) - \frac{n(n+1)}{r^2}\Psi(r) - r^2\Psi(r) = -2E\Psi(r)$$

com n e E constantes. Introduza a mudança de variável independente $r^2 = z$ e a mudança de variável dependente $\Psi(z) = z^\alpha e^{-z/2} F(z)$ onde α deve ser escolhido convenientemente a fim de obter a equação de Laguerre generalizada.

Resolução. Introduzindo a mudança de variável independente $r^2 = z$ obtemos a equação diferencial

$$z^2 \Psi''(z) + \frac{3z}{2}\Psi'(z) - \frac{n(n+1)}{4}\Psi(z) - \frac{z^2}{4}\Psi(z) + \frac{E}{2}z\Psi(z) = 0.$$

Seja, agora, a mudança de variável dependente

$$\Psi(z) = z^\alpha e^{-z/2} F(z).$$

Calculando explicitamente as derivadas, obtemos

$$\Psi'(z) = z^\alpha e^{-z/2}\left(F' - \frac{1}{2}F + \frac{\alpha}{z}F\right)$$

$$\Psi''(z) = z^\alpha e^{-z/2}\left[F'' + \left(\frac{2\alpha}{z} - 1\right)F' + \left(\frac{\alpha^2 - \alpha}{z^2} - \frac{\alpha}{z} + \frac{1}{4}\right)F\right]$$

que substituídas na equação diferencial, fornece a equação

$$z^2 F'' + z(2\alpha + \frac{3}{2} - z)F' + \left[\left(\alpha^2 + \frac{\alpha}{2} - \frac{n(n+1)}{4}\right) - \left(\alpha + \frac{3}{4} - \frac{E}{2}\right)z\right]F = 0.$$

Da liberdade de escolha, consideramos α de modo que

$$\alpha^2 + \frac{\alpha}{2} - \frac{n(n+1)}{4} = 0$$

de onde se segue $\alpha = n/2$ logo

$$zF'' + \left(n + \frac{3}{2} - z\right)F' - \left(\frac{n}{2} + \frac{3}{4} - \frac{E}{2}\right)F = 0.$$

Enfim, introduzimos o parâmetro $\ell = \dfrac{E}{2} - \dfrac{1}{4}(2n+3)$ de modo a obter

$$zF'' + \left(n + \frac{3}{2} - z\right)F' + \ell F = 0,$$

conhecida pelo nome de equação de Laguerre generalizada.

Exercício 8.16. É fácil verificar que $y_1(x) = (3x^2 - 1)/2$ é uma solução da equação de Legendre de grau dois

$$(1 - x^2)y'' - 2xy' + 6y = 0$$

com $y = y(x)$ e $-1 < x < 1$. Determine a solução geral dessa equação diferencial.

Resolução. Vamos procurar uma função $v = v(x)$, sabendo que $y_2(x) = (3x^2 - 1)v(x)/2$ é uma segunda solução linearmente independente da equação de Legendre de grau dois. Calculando as derivadas, substituindo na equação diferencial e simplificando, obtemos

$$(1 - x^2)(3x^2 - 1)v'' - 2x(9x^2 - 7)v' = 0.$$

Seja $v' = u$. Segue-se a equação diferencial separável

$$\frac{\mathrm{d}u}{u} = \left(\frac{2x}{1-x^2} - \frac{12x}{3x^2-1}\right)\mathrm{d}x$$

cuja integração fornece

$$u = \frac{1}{(1-x^2)(3x^2-1)^2} = \frac{\mathrm{d}v}{\mathrm{d}x}.$$

Integrando novamente obtemos

$$v(x) = -\frac{3x}{3x^2-1} + \frac{1}{2}\ln\left(\frac{1+x}{1-x}\right)$$

de onde se segue

$$\begin{aligned} y_2(x) &= \left(\frac{3x^2-1}{2}\right)v(x) \\ &= \left(\frac{3x^2-1}{2}\right)\ln\left(\frac{1+x}{1-x}\right) - \frac{3x}{2} \equiv Q_2(x) \end{aligned}$$

em que $Q_2(x)$ é a chamada função de Legendre de segunda espécie.

Exercício 8.17. Introduza a mudança de variável

$$y(x) = \mathrm{e}^{x/2} x^{-c/2} u(x)$$

na equação hipergeométrica confluente

$$x\frac{\mathrm{d}^2}{\mathrm{d}x^2}y(x) + (c-x)\frac{\mathrm{d}}{\mathrm{d}x}y(x) - ay(x) = 0$$

com a e c constantes, a fim de obter a forma autoadjunta

$$u'' + \left(-\frac{1}{4} + \frac{\xi}{x} + \frac{\frac{1}{4}-\mu^2}{x^2}\right)u = 0$$

conhecida pelo nome de equação de Whittaker, sendo as constantes relacionadas através de

$$\xi = c/2 - a \quad \text{e} \quad \frac{c}{2}\left(1 - \frac{c}{2}\right) = \frac{1}{4} - \mu^2.$$

Resolução. Calculando as derivadas, obtemos

$$y'(x) = e^{x/2}x^{-c/2}\left[u'(x) + \left(\frac{1}{2} - \frac{c}{2x}\right)u(x)\right]$$

$$y''(x) = e^{x/2}x^{-c/2}\left[u''(x) + \left(1 - \frac{c}{x}\right)u'(x) + \right.$$

$$\left. + \left(\frac{1}{4} - \frac{c}{2x} + \frac{c^2 + 2c}{4x^2}\right)\right].$$

Substituindo estas expressões na equação diferencial e simplificando, podemos escrever

$$u''(x) + \left(-\frac{1}{4} + \frac{c - 2a}{2x} + \frac{2c - c^2}{4x^2}\right)u(x) = 0.$$

Introduzindo-se os parâmetros μ e ξ obtemos, finalmente, a equação diferencial de Whittaker

$$\frac{d^2}{dx^2}u(x) + \left(-\frac{1}{4} + \frac{\xi}{x} + \frac{\frac{1}{4} - \mu^2}{x^2}\right)u(x) = 0$$

ou ainda, a chamada forma autoadjunta da equação hipergeométrica confluente.

Exercício 8.18. Utilize a metodologia da função de Green a fim de reduzir o sistema, formado pela equação diferencial

$$(1 + x^2)\frac{d^2}{dx^2}y(x) + 2x\frac{d}{dx}y(x) = \lambda y(x)$$

Funções especiais 281

com λ constante, satisfazendo as condições $y(0) = 0 = y'(1)$, numa equação integral.

Resolução. Começamos por resolver a respectiva equação diferencial homogênea, isto é,

$$(1 + x^2)y'' + 2xy' = 0$$

com solução geral dada por

$$y(x) = A \arctan x + B$$

com A e B constantes arbitrárias. Escolhamos A e B convenientemente, isto é, $A = 1 = B$, o que permite inferir que uma solução da equação diferencial homogênea satisfazendo a condição $y'(1) = 0$ é dada por $y_2(x) = 1$ enquanto que a outra solução linearmente independente é $y_1(x) = \arctan x$ satisfazendo a equação diferencial e a outra condição, isto é, $y_1(0) = 0$. O Wronskiano é dado por

$$\begin{vmatrix} \arctan x & 1 \\ \dfrac{1}{1+x^2} & 0 \end{vmatrix} = -\dfrac{1}{1+x^2}$$

enquanto que a equação diferencial escrita na forma autoadjunta é tal que

$$\frac{d}{dx}\left[(1+x^2)\frac{dy}{dx}\right] = \lambda y$$

de onde se segue

$$C \equiv p(x) \cdot W(x) = (1+x^2)\left(-\frac{1}{1+x^2}\right) = -1.$$

A função de Green é dada por

$$\mathscr{G}(x|\xi) = -\frac{1}{C}\begin{cases} y_1(x)y_2(\xi) & a < x < \xi \\ y_1(\xi)y_2(x) & \xi < x < b \end{cases}$$

que, em nosso caso, é dada por

$$\mathscr{G}(x|\xi) = \begin{cases} \arctan x, & 0 < x < \xi, \\ \arctan \xi, & \xi < x < 1, \end{cases}$$

logo

$$y(x) = \lambda \int_0^1 \mathscr{G}(x|\xi) y(\xi)\,\mathrm{d}\xi$$

que é uma equação integral visto que a função incógnita, $y(x)$ encontra-se no integrando.

Exercício 8.19. Resolva a equação diferencial

$$\frac{\mathrm{d}^2}{\mathrm{d}x^2}y(x) + \mu^2 x^2 y(x) = 0$$

com μ^2 uma constante positiva.

Resolução. Vamos introduzir a mudança de variável dependente $y(x) = x^\alpha F(x)$, em que α é um parâmetro a ser escolhido convenientemente. Calculando as derivadas, substituindo na equação e rearranjando, podemos escrever

$$F'' + \frac{2\alpha}{x}F' + \frac{\alpha^2 - \alpha}{x^2}F + \mu^2 x^2 F = 0.$$

Uma nova mudança de variável, agora independente, do tipo $x^2 = t$ nos leva à seguinte equação diferencial

$$t^2 F'' + \left(\alpha + \frac{1}{2}\right) t F' + \left(\frac{\alpha^2 - \alpha}{4} + \frac{\mu^2}{4}t^2\right) F = 0.$$

Escolhendo $\alpha = 1/2$ e introduzindo a variável $\mu t/2 = z$ obtemos

$$z^2 F'' + zF' + \left(z^2 - \frac{1}{16}\right) F = 0$$

que é uma equação de Bessel com solução geral dada por

$$F(z) = A J_{\frac{1}{4}}(z) + B Y_{\frac{1}{4}}(z)$$

com A e B constantes. Voltando nas variáves de partida obtemos

$$y(x) = x^{\frac{1}{2}} \left[A J_{\frac{1}{4}}\left(\frac{\mu}{2} x^2\right) + B Y_{\frac{1}{4}}\left(\frac{\mu}{2} x^2\right) \right]$$

com A e B constantes.

Exercício 8.20. Uma partícula de massa m_0 movendo-se em um campo de potencial simétrico, descrito por $V(x) = A|x|^n$, com A constante e n inteiro positivo, tem energia total E, satisfaz a equação diferencial

$$\frac{m_0}{2} \left[\frac{\mathrm{d}}{\mathrm{d}t} x(t)\right]^2 + V(x) = E$$

conhecida com o nome de equação de Schrödinger.

Resolva a equação diferencial para $\mathrm{d}x(t)/\mathrm{d}t$ e integre para encontrar o período, dado por

$$\tau = \sqrt{8m_0} \int_0^{x_{\max}} \frac{\mathrm{d}x}{\sqrt{E - Ax^n}}$$

em que $x_{\max}$ é o ponto de retorno clássico dado por $A x_{\max}^n = E$.

Mostre que

$$\tau = \frac{2}{n} \sqrt{\frac{2\pi m_0}{E}} \left(\frac{E}{A}\right)^{1/n} \frac{\Gamma(1/n)}{\Gamma(1/n + 1/2)}.$$

Resolução. Isolando $\mathrm{d}x(t)/\mathrm{d}t$ e separando as variáveis podemos escrever
$$\mathrm{d}t = \frac{\mathrm{d}x}{\sqrt{\frac{2}{m_0}(E - Ax^n)}}.$$

Visto que para $t = 0$ implica em $x(0) = 0$ obtemos, já integrando na variável t,
$$\tau = 4\int_0^{x_{\max}} \frac{\mathrm{d}x}{\sqrt{\frac{2}{m_0}(E - Ax^n)}}$$

onde $x_{\max} = (E/A)^{1/n}$.

Introduzindo a mudança de variável $Ax^n/E = \xi$ na integral anterior, obtemos
$$\begin{aligned}\tau &= \sqrt{\frac{8m_0}{E}}\frac{1}{n}\left(\frac{E}{A}\right)^{1/n}\int_0^1 \frac{\xi^{\frac{1-n}{n}}}{(1-\xi)^{\frac{1}{2}}}\mathrm{d}\xi\\&= \sqrt{\frac{8m_0}{E}}\frac{1}{n}\left(\frac{E}{A}\right)^{1/n}\int_0^1 \xi^{\frac{1-n}{n}}(1-\xi)^{-\frac{1}{2}}\mathrm{d}\xi.\end{aligned}$$

Utilizando a definição da chamada função beta (Veja Apêndice), a última integral pode ser escrita na forma
$$\tau = \sqrt{\frac{8m_0}{E}}\frac{1}{n}\left(\frac{E}{A}\right)^{1/n} B\left(\frac{1}{n},\frac{1}{2}\right)$$

ou ainda utilizando a relação entre as funções gama e beta, na forma
$$\tau = \frac{2}{n}\sqrt{\frac{2\pi m_0}{E}}\left(\frac{E}{A}\right)^{1/n}\frac{\Gamma(1/n)}{\Gamma(1/n + 1/2)}$$

que é o resultado desejado.

Exercício 8.21. Resolva a equação diferencial

$$\frac{d^2}{dx^2}y(x) + \left(\frac{1}{4} - \frac{\mu^2 - \frac{1}{4}}{x^2}\right)y(x) = 0$$

com μ^2 uma constante. Discuta o caso em que $\mu = \pm 1/2$.

Resolução. Podemos utilizar o método de Frobenius para discutir esta equação diferencial porém uma conveniente mudança de variável pode nos levar a uma outra equação diferencial conhecida ou ainda, mais simples de ser abordada. Introduzindo a mudança de variável

$$y(x) = x^{\frac{1}{2}}F(x)$$

obtemos a seguinte equação diferencial para a função $F(x)$

$$\frac{d^2}{dx^2}F(x) + \frac{1}{x}\frac{d}{dx}F(x) + \left(\frac{1}{4} - \frac{\mu^2}{x^2}\right)F(x) = 0$$

ou ainda, na seguinte forma

$$x^2\frac{d^2}{dx^2}F(x) + x\frac{d}{dx}F(x) + \left(\frac{x^2}{4} - \mu^2\right)F(x) = 0$$

que é reconhecida como a equação de Bessel, com solução geral dada por

$$F(x) = AJ_\mu\left(\frac{x}{2}\right) + BY_\mu\left(\frac{x}{2}\right)$$

onde A e B são constantes arbitrárias.

Voltando na variável inicial, obtemos

$$y(x) = x^{\frac{1}{2}} \left[AJ_\mu \left(\frac{x}{2} \right) + BY_\mu \left(\frac{x}{2} \right) \right]$$

com A e B constantes arbitrárias.

No caso em que $\mu = \pm 1/2$ a equação diferencial de partida é:

$$\frac{d^2}{dx^2} y(x) + \frac{1}{4} y(x) = 0$$

com solução geral dada por

$$y(x) = C_1 \operatorname{sen}(x/2) + C_2 \cos(x/2)$$

com C_1 e C_2 constantes arbitrárias. Desta expressão, pode-se concluir que deve haver uma relação entre a função de Bessel de ordem inteira e as funções trigonométricas.

Exercício 8.22. Expresse uma solução da equação diferencial

$$x^2(1-x^2)\frac{d^2}{dx^2}y(x) + x(1-x^2)\frac{d}{dx}y(x) - \frac{y(x)}{16} = 0$$

em termos de uma função hipergeométrica.

Resolução. Começamos por introduzir uma mudança de variável independente, $x^2 = t$, de onde, após calculadas as derivadas e simplificado, obtemos a equação diferencial ordinária

$$t(1-t)\frac{d^2}{dt^2}y(t) + (1-t)\frac{d}{dt}y(t) - \frac{y(t)}{64t} = 0.$$

Seja agora uma mudança de variável dependente $y(t) = t^\alpha H(t)$ em que o parâmetro α será determinado convenientemente com a imposição de que $H(t)$ satisfaça uma equação hipergeométrica.

Calculando as derivadas e simplificando, obtemos a seguinte equação diferencial envolvendo o parâmetro α, com $H = H(t)$

$$t(1-t)\frac{d^2}{dt^2}H + (2\alpha+1)(1-t)\frac{d}{dt}H + \left(\frac{64\alpha^2 - 1}{64t}\right)H - \alpha^2 H = 0.$$

Visto que queremos uma solução da equação diferencial, escolhemos $\alpha = 1/8$ de onde se segue a equação hipergeométrica

$$t(1-t)\frac{d^2}{dt^2}H(t) + \left(\frac{5}{4} - \frac{5}{4}t\right)\frac{d}{dt}H(t) - \frac{H(t)}{64} = 0.$$

Daí, uma solução da equação diferencial inicial é dada por

$$y_1(x) = C\, x^{1/4}\, {}_2F_1\left(\frac{1}{8}, \frac{1}{8}; \frac{5}{4}; x^2\right)$$

com C uma constante arbitrária e ${}_2F_1(a, b; c; x)$ uma função hipergeométrica.

Exercício 8.23. Considere a equação diferencial ordinária linear e de segunda ordem

$$x^2 y'' + (2\alpha - 2\nu\beta + 1)xy' + [\beta^2 \gamma^2 x^{2\beta} + \alpha(\alpha - 2\nu\beta)]y = 0$$

com $y = y(x)$ e α, β, γ e ν constantes. Mostre que uma solução dessa equação é dada por

$$y(x) = x^{\beta\nu - \alpha} J_\nu(\gamma x^\beta)$$

em que $J_\mu(x)$ é uma função de Bessel de primeira espécie e de ordem ν.

Resolução. Introduzindo, primeiramente, a mudança de variável dependente $y(x) = x^\mu v(x)$ obtemos a seguinte equação diferencial

$$x^2 v'' + [2\mu x + (2\alpha - 2\nu\beta + 1)x]v' +$$

$$+[\mu^2 + 2\mu(\alpha - \nu\beta) + \alpha(\alpha - 2\nu\beta) + \beta^2\gamma^2 x^{2\beta}]v = 0$$

que, escolhendo $\mu = \nu\beta - \alpha$, fornece a equação para $v = v(x)$

$$x^2 v'' + xv' + (\beta^2\gamma^2 x^{2\beta} - \beta^2\nu^2)v = 0.$$

Seja, agora, a mudança de variável independente $\gamma x^\beta = t$. Calculando as derivadas, substituindo na equação anterior e rearranjando, obtemos

$$t^2 v'' + tv' + (t^2 - \nu^2)v = 0$$

identificada como uma equação de Bessel de ordem ν.

Voltando nas variáveis iniciais, podemos escrever uma solução da equação diferencial de partida na forma

$$y(x) = x^{\beta\nu - \alpha} J_\nu(\gamma x^\beta)$$

em que $J_\mu(x)$ é uma função de Bessel de primeira espécie e de ordem ν.

Apêndice

A.1 Funções gama e beta

Apesar de já termos mencionado no texto, neste apêndice, vamos definir as funções gama e beta, também conhecidas pelo nome de funções de Euler de segunda e primeira espécies, respectivamente. São duas funções que não satisfazem equações diferenciais, isto é, não são soluções de equações diferenciais porém desempenham um papel importante, por exemplo, em simplificar vários cálculos.

A função gama[1], denotada por $\Gamma(x)$, $x \in \mathbb{R}_+^*$, pode ser interpretada como uma generalização do conceito de fatorial enquanto

---

[1] Apesar de a função gama estar definida para $z \in \mathbb{C}$ aqui vamos trabalhar com $x \in \mathbb{R}_+^*$, isto é, apenas os reais positivos.

que a função beta, denotada por $B(p,q)$, com $p,q \in \mathbb{R}_+^*$ está diretamente relacionada com um produto de funções gama e apresenta uma importante conexão com a trigonometria.

A.2 Função gama

Definimos a chamada função gama, apesar de existirem outras maneiras, através da seguinte integral imprópria

$$\Gamma(x) = \int_0^\infty t^{x-1} e^{-t} dt$$

com $x > 0$, conhecida pelo nome de função de Euler de segunda espécie.

A partir da definição, podemos mostrar a chamada relação funcional para a função gama

$$\Gamma(x+1) = x\Gamma(x)$$

para $x > 0$ que, para $= n$ inteiro e positivo nos leva a $\Gamma(n+1) = n!$, isto é, uma generalização do conceito de fatorial.

Ainda mais, a partir de uma conveniente mudança de variável, vamos mostrar que

$$\mathscr{L}[\xi^x] = \frac{\Gamma(x+1)}{s^{x+1}}$$

ou seja, a transformada de Laplace da função ξ^x, é dada em termos da função gama. A fim de mostrarmos este resultado, introduzimos a mudança de variável $t = s\xi$ de modo que

$$\Gamma(x) = \int_0^\infty (s\xi)^{x-1} e^{-s\xi} d\xi = s^x \int_0^\infty \xi^{x-1} e^{-s\xi} d\xi.$$

Utilizando a integral imprópria que define a transformada de Laplace, podemos escrever a expressão

$$\Gamma(x) = s^x \mathscr{L}[\xi^{x-1}].$$

Agora, efetuando a mudança $x \to x+1$ obtemos, finalmente

$$\mathscr{L}[\xi^x] = \frac{\Gamma(x+1)}{s^{x+1}}$$

que é o resultado desejado.

Enfim, merece ser destacada a chamada fórmula de duplicação, também conhecida pelo nome de fórmula de duplicação de Legendre, a expressão que relaciona a função gama $\Gamma(2x)$ em termos da função gama $\Gamma(x)$, isto é,

$$\Gamma(2x) = \pi^{-\frac{1}{2}} 2^{2x-1} \Gamma(x) \Gamma\left(x + \frac{1}{2}\right).$$

A.3 Função beta

Definimos a chamada função beta, também conhecida pelo nome de função de Euler de primeira espécie, através da seguinte integral imprópria

$$B(p,q) = \int_0^1 t^{p-1}(1-t)^{q-1} dt$$

com p e q reais positivos.

Com a mudança de variável $t \to 1-t$ podemos mostrar a propriedade de simetria, $B(p,q) = B(q,p)$ enquanto que, com a mudança de variável $t = \cos^2 \theta$, obtemos

$$B(p,q) = 2 \int_0^{\pi/2} \cos^{2p-1}\theta \, \text{sen}^{2q-1}\theta \, d\theta.$$

A importante relação envolvendo a função gama e a função beta, obtida através de um conveniente produto de funções gama e a

mudança de variáveis envolvendo as coordenadas polares, é dada por
$$B(p,q) = \frac{\Gamma(p)\Gamma(q)}{\Gamma(p+q)}$$
de onde fica claro as condições p e q reais positivos.

Enfim, considerando os parâmetros p e q satisfazendo $p+q=1$ podemos mostrar que
$$B(p, 1-p) = \frac{\Gamma(p)\Gamma(1-p)}{\Gamma(1)} = \frac{\pi}{\operatorname{sen} p\pi}$$
ou seja, uma conexão com as funções trigonométricas.

Um interessante resultado é aquele em que consideramos os parâmetros $p = 1/2 = q$ na relação envolvendo as funções gama e beta, bem como na expressão que apresenta uma conexão entre a função beta e as funções trigonométricas, isto é,
$$B(1/2, 1/2) = \frac{\Gamma(1/2)\Gamma(1/2)}{\Gamma(1)} = \frac{\pi}{\operatorname{sen}(\pi/2)}$$
de onde se segue $\Gamma(1/2)\Gamma(1/2) = \pi$ ou ainda $\Gamma(1/2) = \sqrt{\pi}$.

Este resultado também pode ser obtido a partir da definição da função gama. Então, escrevendo o seguinte produto
$$\Gamma(1/2)\Gamma(1/2) = \int_0^\infty u^{-1/2} e^{-u} du \cdot \int_0^\infty v^{-1/2} e^{-v} dv$$
e, agora, com a mudança de variáveis $u = r\cos^2\theta$ e $v = r\operatorname{sen}^2\theta$ para $0 \leq r < \infty$ e $0 \leq \theta \leq \pi/2$, podemos escrever
$$\Gamma(1/2)\Gamma(1/2) = 2\int_0^{\pi/2} d\theta \cdot \int_0^\infty e^{-r} dr = \pi$$
de onde se segue o resultado anteriormente obtido. Note que, este resultado também pode ser obtido diretamente da fórmula de duplicação bastando para tal considerar $x = 1/2$.

Bibliografia

1. C. H. Edwards Jr. e D. E. Penney, *Equações Diferenciais Elementares com Problemas de Contorno*, Prentice-Hall do Brasil, Rio de Janeiro, (1995).

2. D. Zwillinger, *Handbook of Differential Equations*, Academic Press, Boston, (1997).

3. E. A. Coddington, *An Introduction to Ordinary Differential Equations*, Dover Publications, Inc., New York, (1989).

4. E. Capelas de Oliveira, *Funções Especiais com Aplicações*, Segunda Edição, Editora Livraria da Física, São Paulo, (2012).

5. P. Boulos, *Exercícios Resolvidos e Propostos de Sequências e Séries de Números e de Funções*, Edgard Blücher Ltda, São Paulo, (1986).

6. R. Bronson, *Moderna Introdução às Equações Diferenciais*, McGraw-Hill, São Paulo, (1977).

7. W. E. Boyce e R. C. Diprima, *Equações Diferenciais Elementares e Problemas de Valores de Contorno*, Editora LTC, Rio de Janeiro, (2005).

8. W. T. Reid, *Riccati Differential Equations*, Academic Press, New York, (1972).

Índice Remissivo

Abel, teorema de, 53
Autovalores, 104, 158, 160, 163, 164, 167, 170, 173
Autovetores, 158, 160, 163, 164, 167, 173, 175

Bernoulli, equação de, 19, 43
Bessel
    equação de, 285
    função de, 244
Beta, função, 291
beta, função, 284

Circuito RLC, 71
Clairaut, equação de, 28
Coeficientes a determinar, 65, 71, 83
Condição de normalização, 236
Condições
    de contorno, 76, 79, 265, 267
    iniciais, 137, 139, 147, 156, 157
Constante

arbitrária, 12, 15
de Euler-Mascheroni, 190
de integração, 11, 15
de proporcionalidade, 22
Convergência, raio de, 196
Convergente, série, 206, 207
Convolução, 137
Cramer
    método de, 85
    regra de, 61, 66, 101
Critério
    da integral, 189
    da raiz, 187, 207
    da razão, 186, 194, 196
    da série alternada, 186, 194, 197, 202
    de comparação, 186, 187, 195
    de Raabe, 207
    do termo geral, 187

Derivada parcial, 6
Deslocamento, propriedade de, 124

Dirac, função delta de, 265
Divisores e raízes, 99
Duplicação, fórmula de, 291

Equação
    auxiliar, 55, 64, 83, 84, 96, 97, 104, 109–111, 113, 117, 176
    coeficientes constantes, 146
    de Bernoulli, 43
    de Bessel, 242, 244, 270, 272, 282, 285, 288
        de ordem μ, 251
        de ordem zero, 254
        modificada de ordem zero, 262
    de Clairaut, 28, 30
    de Euler, 59, 69, 105
    de Hermite, 274
    de Laguerre generalizada, 277
    de Legendre, 270, 278
    de ordem cinco, 113
    de ordem quatro, 109
    de ordem seis, 111
    de ordem três, 107, 110
    de primeira ordem, 127
    de Riccati, 27, 81, 89, 115
    de Schrödinger, 284
    de segunda ordem, 126
    de Sturm-Liouville, 79
    de Tchebyshev, 234, 235
    de Whittaker, 280
    diferencial, 44, 46, 47, 88, 134, 139, 144–146, 149, 213, 219, 221, 223, 224, 226, 228, 229, 237, 285
        de segunda ordem, 55
        de terceira ordem, 176
        homogênea, 57, 88, 231, 273
        linear, 44
        não homogênea, 57, 70, 88, 144, 145, 225, 265, 267, 269
        primeira ordem, 44
        separável, 44
    diferencial ordinária, 91
    exata, 37, 38
    hipergeométrica, 247, 286
        confluente, 250, 280
    homogênea, 65, 70, 85
    indicial, 219, 221, 226, 228, 229, 232, 238, 242, 247, 254, 260
    integral, 142, 148, 149, 281
    integrodiferencial, 128
    não homogênea, 47, 85, 92,

Indice Remissivo

119, 178
radial, 271
separável, 29, 33, 34, 39, 44, 46, 69, 81, 89
sistema de, 176
tipo homogêneo, 28
Equação diferencial, 7, 12, 31–34, 36, 69, 70, 72, 73, 75, 76, 78, 80, 103, 104, 116, 117, 126, 230
   de ordem três, 150
   de primeira ordem, 2
   de segunda ordem, 129, 133
   exata, 10, 13, 23, 26
   homogênea, 16, 25, 129
   linear, 2, 19–21, 43
   não exata, 11, 13
   não linear, 19, 23, 26, 43
   separável, 16, 21, 24
Equações, sistema de, 151, 178
Euler
   equação de, 59, 69, 79, 105, 117
   função de, 290
   sistema de, 170–172

Fator integrante, 11, 13, 19, 23, 37, 38, 82

Frações parciais, 24, 34, 74, 128, 132, 135, 140, 145, 157, 278
Frobenius
   método de, 230, 231, 238, 247, 250, 254, 260
   série de, 219, 221, 226, 228, 229
   série generalizada de, 256
Função
   ímpar, 223
   beta, 284, 291
   de Bessel, 244, 282, 288
   de Bessel de ordem zero, 256
   de Green, 77, 265, 267, 281
   de onda, 273
   degrau, 134, 135
   degrau unitário, 131
   delta de Dirac, 265
   gama, 249, 284
   hipergeométrica, 249, 286
   hipergeométrica confluente, 250
   impulso, 133, 139
   maior inteiro, 188
   par, 223

gama, função, 284, 290
Green, função de, 77, 79, 265,

267, 281

Hermite
   equação de, 274
   polinômios de, 276
Hooke, lei de, 91

Indução, 184
Integral, equação, 142
Integrante, fator, 82

Laguerre, equação de (generalizada), 277
Laplace
   transformada de, 124, 134, 139, 142, 144–148, 150, 151, 156, 176, 200, 290
   transformada inversa de, 126, 129, 135, 138, 141, 156
Legendre
   equação de, 270, 278
   polinômios de, 278
Lei de Newton, 31
Linearidade, 125

MacLaurin, série de, 199, 200, 204
Massa-mola, problema, 91
Método

de coeficientes a determinar, 57, 67, 72
de Cramer, 85
de eliminação, 154
de Frobenius, 230, 242, 247, 250, 254, 260
de redução de ordem, 73, 86, 265, 278
de variação de parâmetros, 60, 66, 70, 75, 86, 173, 175
Mudança de variável, 17, 103, 271
   dependente, 273
   independente, 273

Newton, lei de, 91
Polinômio característico, 158, 160, 166, 169, 171–173, 175
Polinômios de Tchebyshev, 235
Potências, série de, 223–225, 237
Problema de valor inicial, 8, 19, 20, 24, 63, 64, 125, 126
Problema massa-mola, 91
PVI, 28, 31, 36, 38, 42, 47, 49, 68, 83, 84, 92, 104, 107, 110, 111, 113, 119, 131, 134, 136, 137, 139, 145–147, 150, 151, 176, 214, 216, 218, 225, 251, 262

Indice Remissivo

Raabe, critério de, 207
Recorrência
    fórmula de, 216, 218
    relação de, 212, 229, 255
Redução de ordem, 73, 81, 86, 117, 265
Relação de recorrência, 215, 230, 239, 242, 247, 255, 275
Riccati, equação de, 27, 81

Separação de variável, 3, 6, 17, 52
Sequência, 182
Série
    absolutamente convergente, 187, 202
    alternada, 194, 197, 202
    convergência de, 189
    convergente, 185, 189, 190, 192, 193, 197, 202, 205
    de cossenos, 198
    de Frobenius, 219, 221, 226, 228, 229
    generalizada, 256
    de MacLaurin, 199, 200, 204
    de potências, 212–214, 216, 218, 223–225
    de senos, 201
    de Taylor, 195, 196, 198, 204
    divergente, 185, 195, 197
    geométrica, 185, 195
    harmônica, 186
    numérica, 182
    soma de, 185, 208
Sistema
    homogêneo, 173, 175
    linear, 154
    não homogêneo, 173, 175
    solução geral, 159
Solução
    complexa, 56, 60
    família de, 27
    geral, 20, 55, 60, 64, 70, 72, 76, 78, 81, 86, 96, 100, 102–104, 107, 109–111, 113, 130, 159, 162, 170
    da homogênea, 60
    do sistema, 161
    real, 171
    não singular, 4
    não trivial, 169
    particular, 27, 42, 65, 70, 72, 75, 80, 81, 85, 86, 100, 107, 109, 130
    real, 60
    segunda, 172

singular, 4, 24, 27, 28
trivial, 79
Somas parciais, 203
Sturm-Liouville
   equação de, 79
   forma de, 270
   problema de, 265, 267, 269
   sistema de, 103

Taylor
   coeficiente de, 199
   série de, 195, 196, 198, 204
Tchebyshev
   equação de, 234, 235
   polinômios de, 234, 235
Teorema, existência e unicidade, 5
Teste da razão, 192
TEU, 5, 47
Trajetórias ortogonais, 21
Transformada
   de Laplace, 124, 134, 142, 146, 147
   inversa, 130

Variação de parâmetros
   método de, 75, 86, 88, 173, 175

Whittaker, equação de, 280
Wronskiano, 53, 62, 73, 106, 107, 240, 254, 268, 281

Como Resolver Derivadas e Integrais - Mais de 150 Exercícios Resolvidos

Autor: Christiane Mázur Lauricella

248 páginas
1ª edição - 2012
Formato: 16 x 23
ISBN: 978-85-399-0092-3

"Como Resolver Derivadas e Integrais" é diferente de outros livros de Cálculo Diferencial e Integral porque, em cada exercício resolvido, há uma conversa simples e direta com o leitor, na qual se descreve o passo a passo de todas as etapas envolvidas na resolução de derivadas (de uma e de duas variáveis, incluindo funções simples e compostas) e de integrais (simples e duplas, tanto as imediatas como as que necessitam de mudanças de variáveis e do método da integração por partes).

Além da linguagem utilizada, da apresentação didática e detalhada e da grande quantidade de exercícios resolvidos (mais de 150), outro diferencial deste livro é o conteúdo, que não se restringe apenas a tópicos iniciais ou finais do curso de Cálculo, abrangendo-o de forma ampla.

À venda nas melhores livrarias.

Matrizes, Determinantes e Equações Lineares - Fundamentos

Autor: Bruno Wiering
120 páginas
1ª edição - 2011
Formato: 16 x 23
ISBN: 9788539900510

O texto é escrito de forma simples e conceitual, tratando exclusivamente dos termos em questão sem o excessivo rigor do formalismo matemático, o que facilita a absorção dos conceitos básicos.

Inicia com uma simples equação de uma só incógnita, de solução imediata, e acaba por mostrar que, com o auxílio de matrizes e determinantes, um sistema com muitas equações e incógnitas pode ser resolvido de forma análoga, obtendo uma solução coletiva.

O texto contempla as demonstrações dos principais teoremas sobre determinantes, mas principalmente mostra as utilidades práticas de tais propriedades.

A obra contempla ainda a maneira correta de analisar um sistema de equações com base no teorema de Rouché-Capelli, a única ferramenta verdadeiramente apropriada para tal fim.

À venda nas melhores livrarias.

Impressão e Acabamento
Gráfica Editora Ciência Moderna Ltda.
Tel.: (21) 2201-6662